留下一片森林

從衛武營公園到高屏溪再生的綠色行動反思

曾貴海◎著

晨星出版

詩人的終極超體驗

王家祥

據說島國愛爾蘭人對於交通號誌紅綠燈的概念也是參考用的，我想高雄人遇見愛爾蘭人一定會覺得很親切。

這讓我想起愛爾蘭詩人葉慈先生；葉慈傳對於詩人葉慈的介紹是這樣的：一九二三年的諾貝爾文學獎得主，一生關注藝術，愛爾蘭國家主義，以及對神秘主義探討，我在曾醫師的研究室向他借得葉慈傳這本書，才知道葉慈先生也很煩惱他的國家、土地與人民，他的家鄉島國對岸也有一個令他憂煩愛恨的大國，既是曾滋養他又時時欺負他的老鄉的英國；葉慈先生以他心所牽掛的愛爾蘭多采多姿的神話與人民寫了很多詩及戲劇作品，這讓我又回頭想起寫詩的資歷和看診醫人一樣久的曾醫師，曾醫師從前或者說一直都很感冒對那個找我們臺灣麻煩的同文同種但不同派的大傢伙，不過曾醫師也和葉慈先生一樣並不那麼對激情的政治運動有興趣，在參與了一段時間的反對運動之後，轉而對臺灣做更深入的了解，他像一個拿著聽診器的醫生，很認眞地找出臺灣的毛病，甚至爲她開藥操刀；我並不是有興趣去比較他們兩位詩人之間的相同與差異，只是這一次曾醫師將多年來從事綠色運動的文章集結成冊，吩咐我幫他作序，我突然想起，會不會曾醫師對於他所關心的臺灣文化與環保運動所費的苦心，和一九〇〇年代的葉慈對於愛爾蘭是一樣的？時代的背景與文人的心情彷彿也是似曾相識的？

這本書可以用『我的城市、我的鄉愁、我的家』來貫穿涵蓋曾醫師這些年來的思想脈絡，內容包括曾醫師下過一番苦心功夫關心研究的環境議論，包括工業污染的過度擴張，城市綠地的爭取，河川的再生整治，綠色生活品質的思考，還有隱藏在他內心策動他前進的感性的直覺或聲音，被他以散文或新詩的表達方式呈現出來，理性與感性左右開弓，循循善誘，透過編輯的精心編排，我們可以了解一位關心環境的臺灣詩人的學習成長和心路歷程，因爲這些心路歷程，我們得以完整窺見曾醫師在促成衛武營軍區成爲自然公園的戰役中所攜持的思想架構，因爲潰爛土地給他的磨鍊煎熬，才使得他繼續提出旁人難以置信的創見，再度召集人馬投入高屏溪的再生運動而且堅持到底地留下完整的文字紀錄，然而讀這本書的心理負荷是沉重的，畢竟它是長久以來參與環境運動的濃縮過程，而在臺灣、目睹環境品質的快速沉淪，很少有經驗是愉快的，毋寧說這是曾醫師個人與母土臺灣，尤其是他所生活的黑色高雄城的終極超體驗；曾醫師選擇以寫作方式留下這些創見與行動的歷史是大多數短視的人們所無法預見的，但是預期的將來，城市綠地與河川的重生對於人們生活的影響是非常重要的，除非這城市永遠地沉淪了，否則他們絕對會記得從前一群有遠見的人，爲城市爭取留下一片森林而不是過度擁擠的建築物；我想在時代當前，旁人很難去深入體會一位信仰綠色的詩人的破繭心境吧！

我的城市、我的家、我的鄉愁很明確地一直是這位中年士紳叨叨絮絮的掛念，有一首收藏在本書的短詩，可以說爲詩人揭開了終極體驗的序曲，也讓我明白中年男子渴望如同鮭魚洄游上溯一般的心境：

夜深夢醒　老家村外的海浪

把童年叫醒起來

甦醒之後有些兒感傷的中年男子，要到哪裏尋找類似童年經驗的秘密花園呢？恐怕這是拼了命追求經濟成長的臺灣人普遍的失落感吧！

輯一　建構綠色新城

明日新城

012 重建高雄第一步——美化與綠化

020 控訴高雄市的環境生態污染

捉迷藏

032 衛武營區應闢建爲花園公園

036 推動衛武營公園第二波運動

風箏

042 都會顏彩

044 衝破城市圍牆擁抱海洋

輯二　留下高屏溪的靈魂

叫醒童年

050 童年的浪漫水鄉
054 小水滴遊高屏溪
062 高屏溪的夜晚獨白
出擊
068 成立「保護高屏溪綠色聯盟」的緣起
070 拒絕喝水的恐懼，拒絕喝恐懼的水
留下高屏溪的靈魂

輯三 土地的聽診器

鎖匙
084 台灣醫界與生態環保運動
先知與真理
090 政治與水庫的戰爭
土地與刑場

輯四　用詩心寫鄉愁

吃白鷺鷥的人

100 潰爛之花
110 天未荒，地已老
112 流動的現實與記憶
114 河流終將成爲記憶
116 葉落的方法
118 美濃的台灣文學步道
120 花園的信仰
【附錄】台灣戰後的環境生態詩／曾貴海
再造詩故鄉——讀曾貴海《台灣男人的心事》／吳易澄
南台灣「綠色教父」曾貴海一生是環保義工／劉湘吟

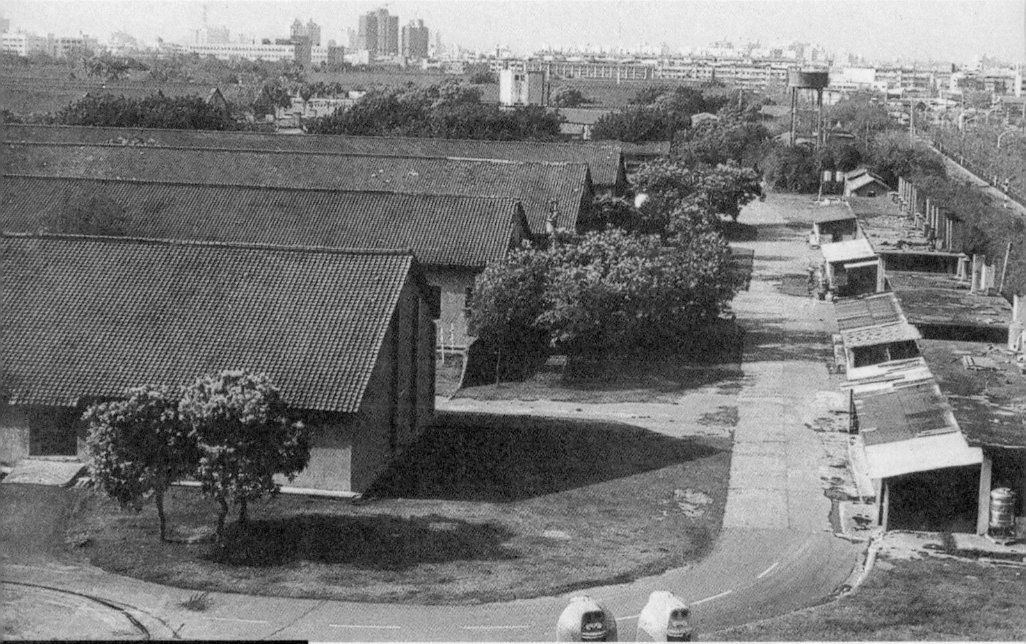

輯一 建構綠色新城

明日新城

把海洋還給市民吧
打開碼頭與港口的枷鎖
回到那片被遺忘的家園
聆聽海濤的傾訴
隨海鳥在藍色海面飛翔

把天空的藍色還給市民吧
讓陽光照亮城市的臉
讓清淨的空氣滋潤人們的肺

把山還給市民吧
讓我們走進大地之母的懷抱
使城市中的生態島嶼
充滿自然生界的合唱

把河流還給市民吧
讓我們日夜思念的水城
貫穿明日的城市
傳送市民的情歌

把街衢還給市民吧
讓城市不再成為鳥籠
人們走向充滿美學的空間

讓我們一齊來種樹
種一棵棵希望的樹
種一棵棵愛心的樹
讓長高的花樹
把城市圍成綠色新故鄉

一九九八、十二、二十五

重建高雄第一步

美化與綠化

高雄市長吳敦義堅持他的理念，計畫在軍方同意下，與高雄縣協商，將衛武營六十六公頃的土地改變爲大學城，兼具商業與住宅的功能。這個理念宣示後，高雄工專校長吳建國除了剖析建立大學教育網路系統的重要性外，對於吳市長的理念，做了部分修正，建議利用其他二十幾公頃的土地做爲世貿中心，大型的商業購物中心與國際觀光飯店的建地。對於吳建國的構想，林清三教授強烈質疑，他指出在市區內設立大學不僅未來發展有限，且浪費都市的寶貴土地，但是林教授卻也一筆帶過的指出，受託規劃土地的中興大學，提出了擬改爲公園用地的方案。根據中國時報指出這個方案是在國民黨地方黨政系統強力運作下，教育部已同意著手評估衛武營設立大學的可行性。不論這個決策是否符合大多數人民的利益，決策過程是否民主，評估方式是否集思廣益，衛武營作爲大學教育網路系統的功能和文化功能，都是功利主義的思考方式和運作方法，不足以改變人民的氣質和精神文化的品質。衛武營應該開發爲一個亞洲最好最完美的熱帶花園公園區，重建台灣都市廢墟的精神文化，是肩負環境生態使命的良心工程。

決策評估脫離不了功利主義

台灣經濟發展的結果，使國民平均所得達到八千美元後，近三年內因財富的增加，產生了財富分配、投資理財、消費休閒和文化活動等問題，種種影響就像在進行一場經濟活動的「動物實驗」，這個「動物實驗」的樣本是台灣人民，場地是台灣，特別是都會區，目的是客觀評估實驗「動物」的經濟行為與人性。這個實驗讓我們得到一個明確而痛苦的結論，財富增加卻帶來了財富重新分配的不均，投機式的炒作地價和股票，奢華的消費行為和通貨膨脹，色情與暴力如罌粟花般開遍整個美麗島。本以為財富的增加會改變生活的品質、社會的和諧和文化的雅緻，但是結果卻像一場春夢，財富加深了貧富階級的對立，確立了唯利取向的價值觀，使爭取財富變成目的而不擇手段、治安惡、人命無價。財富有時是實現力與慾的強大籌碼，有時卻成了生命危險的暗傷。消費文化「奴化」的結果，使得台灣人民內在精神和外在環境充滿邪惡的夢魘。這個教訓不能說是不可怕。對於主張將衛武營區規劃為商業用地的決策者和團體，這一舉不啻是醍醐灌頂，你們還不能從惡夢中驚醒嗎？衛武營區的使用是決策者反思行動的開始，如果有了這個開端，我們才能從都市墳場的建築物中甦醒。

根據林俊義教授的研究，綠地公園與自然區的合理下限應佔都市總面積的百分之十五，台北是百分之四·五，高雄市則是少於這個數字。高雄市民每人平均佔有綠地爲一比二·〇以下，根本不能與其他世界大都市的一比十五以上相提並論；一比二和一比十五，就像住家一樣，住二平方公尺的家和十五平方公尺的家，不只是七倍數字之比，而是生存感覺空間之比。可能是二十或數十倍之比，這種感覺空間是由美感與綠化世界所組成，它是都市居民性靈愉悅的主要泉源。

從生態學的觀點來看，都市就是一個寄生性的生態體系，愈龐大的都市，就會製造更多的廢水、廢氣和廢物，也更增加了都市外圍在食物和能源供應上的負擔。依生態學家優金·奧頓的估計，一個住在都市的人需要的能量必須由半公頃的農地支持，如果衛武營成了商業區，除了造成更多都市的問題外，也增加了外圍地區的負擔，使都市的功能快步趨向癱瘓，高雄市交通的黑暗期將提早出現，更增加了目前還沒有根本解決的飲水與空氣惡化等問題。

史丹佛大學模式可為典範

如果衛武營區開發成了多功能的大學用地，誠如中山大學校長林基源所說，六十公頃的用地不足以設立一個好的大學，而以後的發展必然受到限制，在任何一個綠地不成比例的大都市內設立大學，那是缺乏人文觀念的作法。舊金山史丹佛大學的設立可以做為高雄設立大學的模式，史丹佛大學設立在郊外，大學設立完成後，它不但擁有一大片美麗的校園，還提昇了校區的文化水準和土地價值，成了一個新開發的校園文化區，不但學校的發展不受限制，還疏解了都市的壓力。至於吳建國所說教育網路系統和教育、工商及科學園區等用途，只要建立良好的交通網路系統，設校的地點有更多選擇性，教育的推廣和會只是運作方法的設計問題而已，不一定要在衛武營設立大學才能解決，或者衛武營就可以解決。

基於上述觀點，衛武營應開發爲一個花園公園等多功能的用地。所謂多功能的用途並非如六十七年行政院函頒的「都市計畫公共設施用地多目標使用方案」，使多目標變成公園內建體育館或什麼世貿中心，大型購物中心等稀奇古怪的破壞性構想，而是像紐約中央公園多元性一樣，可以設立有湖泊、溜冰場、公園劇場、台灣文化城堡和慢跑專用道等多功能設施。

用民主方式票決衛武營前途

台灣經濟起飛之後，休閒活動發展到現在，有愈趨不均的現象，許多封閉性的休閒中心，在少數掌握財富的者手中逐漸推廣起來，這些休閒地區大都比較清靜、乾淨、優美，結果廣大市民和低收入者愈不能分享經濟成長的成果，設立一個都市花園公園是補償這個不公平的人道作法。

從台灣戰後都市發展的經驗中我們學到了一些智慧，那就是公園或藝術中心設置地的附近，必然成爲一個新的文化商圈，高雄市中正文化中心是最好的例子。如果衛武營設立花園公園，那麼公園附近自然而然的就會成爲商業區，既不必刻意浪費衛武營的土地，又可與大貝湖連結成高雄地區最好的觀光商業中心。一條寬廣的綠帶，又可扮演淨化空氣的都市之肺，誠如吳敦義市長在上星期接見中華民國觀光協會考察團時指出，高雄市是一個陽剛的都市，極需發展無污染的觀光工業，那麼衛武營設立花園公園既符合這個構想，也能達到這個目的。不然外國觀光遊客到達高雄時，我們除了大貝湖的高爾夫球場外，高雄只有酒廊、KTV，以及色情宣洩站而已。

美國費城附近的長木花園是杜邦家所捐贈的一個巨大花園，各色各樣的熱帶花木，色彩繽紛，美得像浮在水面上仙女般的荷花，令遊客嘆爲觀止，一個家族都能建立起這麼美的花園，這個花園在冬季時還會被冰雪封閉數月，那麼一個熱帶地區的政府，還不能建立一個比美長木花園的觀光聖地嗎？或許有人認爲此種構想在台灣這個功利社會是不可能實現的，那麼紐約中央公園的設立是一個最好的借鏡，中央公園在一八五七年設立時，紐約市只有四五十萬人，紐約人也沒有比高雄市人富有，只是有一個布蘭特先生在紐約晚報的社論指出：假如市政當局眞要爲市民做事，大可以給咱們眾人廣袤樂土，市民不必出城避暑。高雄市民不但出城找不到樂土，還必須出國或移民，把大量的金錢往外花。紐約中央公園設立，也是經過汗水血淚的努力，市政當局與工程師在違建戶的石塊謾罵聲及利益團體的壓力下堅持下去，爲美國建立含著民主發展的第一座眞正的公園。

重建高雄市沒有第二條路

四十年來台灣只有建設！建設！但建設卻沒有重視生態環境的評估和人民的需要，也沒有產生一個有遠見性和令人尊敬的政治家，而四十年來的專制統治卻培養出無數不懂得珍惜美的人間至性，又不敢出聲的人民，這是可悲的現象。如今國防部同意將衛武營歸還民用，隨著民主政治的發展，國防作戰觀念的改變，台灣地區許多長年被軍方征用，卻沒有利用的土地將陸續釋放出來，對釋放出來的平原地區用地，在土地規劃利用上，全部變爲花園或公園是美化綠化台灣，重建美好台灣的第一步，而這個第一步希望將在高雄市的衛武營實現。

如果我們還有未來倫理，那麼這個倫理必須從沒有花草綠意的水泥城市建立起來，重建一個人間自然景象，使人民從中得到美善的知識，培養對土地及生界動物的愛，扭轉金權造成的物化和慾化。決定衛武營這一大片土地命運，和高雄市未來生息與發展的決策官員，你們手中握有創造歷史的權利和機會，也握有創造個人福份的緣份，你們應該替未來的子孫留下一片美好的地方，讓他們知道我們這一代曾經替他們的生存環境努力過。如果決策官員們不同意我的觀點，那麼請用民主的方式，票決衛武營的前途，用民主的程序來尊重人民的意願，而非只以某些人的意見做爲決策。

高雄市民們，重建高雄的第一步，只有綠化和美化，沒有第二條路可走，你們也一起想一想吧。

衛武營

控訴高雄市的環境生態污染

台氯、中化和硫酸錏三個化學工廠在近半年內連續發生化學公害，嚴重威脅市民生命和健康。加上中油委託高雄醫學院公共衛生系教授葛應欽所做的流行病學調查，顯示某些癌症，特別是血癌與中油的環境污染有關。這一連串的環保公害新聞，再度凸顯了高雄市的環境危機，也使高雄市這個環保的禁地，污染的魔域，備受國人的關注。

雖然高雄市在近十年內發生了約四十次的化學公害，但每次都像過眼雲煙，污染的環境沒有得到滿意的改善，政府也不公布污染工廠何時棄廠或遷廠的確定時間表。決策單位、民代和人民也沒有成爲積極的環保執行者、立法者和保護者。市民的環境權被踐踏剝奪，這眞是環保史上少見的記錄，也是決策者和人民在環保責任的恥辱。

高雄市污染環境的時間應推到四十年前，但以近二十年最爲激烈，以污染空間的分佈來看，沿海區域的污染源大都比較嚴重，像小港、前鎭和左楠地區。全市共約有六千家左右的工廠，其中有六百家有污染性，十八家被列爲嚴重污染工廠。其中北高雄的中油和南高雄的中鋼、大林蒲發電廠和中船以及市區，前鎭苓雅的中化、硫酸錏和台氯都是大家熟知而惡名昭彰的工廠。不幸的是，高雄市四邊又被污染工廠團團圍住，北有仁大工業區，南有林園工業區，加上台南廢五金工業區，鳥松皮革廠，高雄市簡直是身陷在污染環境的泥淖中，人們像是污染實驗的天竺鼠。

台灣全國工廠的密度是每平方公里有五到十個工廠，高雄市則有六十到八十個工廠。以工廠總密度來看，高雄這個都市的設計比較像以工廠爲主體，以住家和商區爲副體，人民依工廠而生存，在這個城市不必考慮到人民生存品質和環境權。

在戒嚴時期，工廠的設立根本就沒有什麼環境評估報告，也不必理會人民的意願，因此污染發生後，民怨日深，才開始作流行病學調查，非常類似動物實驗模式。解嚴後，人民自救行動更加激烈，公害事件才變成嚴重的社會問題。但是公害事件本身並不足以說明環境污染的嚴重性和隱而不見且不爲人知的傷害。高雄市民幾十年來已經日日夜夜不知不覺的接受超過先進國家標準的污染傷害，只是市民已經麻木並且放棄了自己的權益罷了。

高雄市的環境問題，可以下列數項加以說明：

一、空氣污染

從一九七九年到一九八九年，高雄市空氣中的二氧化硫濃度都超過美日等先進國和菲律賓的標準，一九八二年平均值甚至高達為110ppb，排放二氧化硫的禍首都是國營工廠，依序為：大林蒲發電廠、台電南部發電廠、中油大林廠、中鋼。最嚴重的地區是小港，當年籠罩濃度125ppb的毒霧中。二氧化硫會侵犯人類的心肺功能，引發和加重慢性支氣管炎和氣喘。也會傷害樹木，侵蝕金屬及建物。除二氧化硫外，懸浮微粒也是由那些工廠大量排放，造成空氣污濁。

高雄市民大都以汽機車代步，總數量約一百萬台。在滾滾車潮中，翻騰著大量的一氧化碳和碳氫化合物，它們又被氧化成臭氧，臭氧和二氧化硫對人類及植物和金屬建物的侵害類似。

許多家地下工廠的小型空氣污染，水泥廠污染，使高雄的上空和地面充滿了混濁有害的空氣，市民們不分貧富老幼，公平的接受污染的洗禮。

二、水質、河川和海洋污染

高雄市的飲用水來自高屏溪和東港溪的河面水、伏流水和屏東縣境的地下水。其中以河面水質最差，以地下水質最好。高屏溪和東港溪共約有二百萬隻的豬和家畜，牠們的排泄物加上製紙廠及家庭廢水，使水質日益惡化，抽取這些劣質水當飲用水，必須以高濃度的氯加以處理，氯與泥土中的枯木及腐植土結合，產生三鹵素甲烷，其中的三氯甲烷是致癌物質，也會傷害肝腎。除氯濃度過高外，總硬度和游離氯及揮發性有機物質的標準都比台灣其他地區高，市民們望水生懼，不是購買礦泉水就是裝濾水器，勞民傷財。

高雄市一南一北和中央地帶共躺著三條黑色屍體般的河流，南境是前鎮河，北境是後勁溪，中央是仁愛河。這三條河彙集了全市的家庭廢水和工業廢水，成爲黑色毒流，污染市容和海域，這種後果都是公共建設不足所造成的。衛生下水道這種公共設施在台灣的普及率少於百分之一，相對於歐美國家的百分之八〇到百分之九〇，只好自認上錯地方投錯胎，但是韓國百分之二十五，香港的百分之三〇，新加坡的百分之八〇，我們又怎麼說呢？人家的國民所得只有台灣的三分之一，公共設施卻遠比我們好。

又依據省住都局的估計，六年國建後的普及率可提升到百分之一到百分之一〇，請看【表一】大家想想看，到時候前鎮河，後勁溪和仁愛河都會變得清澈嗎？仁愛河可以游泳或釣食魚類的謊言不攻自破，因此我常想乾脆把仁愛河污水溝加蓋起來，上面闢建成公園、運動場和休閒場所，遍植花木，成爲文化綠帶。

高雄海域除了被這三條污流污染外，惡名昭彰的二仁溪，以及高屏溪入海口和林園工業區，把高雄海域染成一條寬廣的濁帶，隨著浪花在高雄海岸嗚咽，使西子灣和旗津成爲黑水灣沿岸。海域的變化，除了景觀和美感失去詩情畫意外，海域內水質變化才是最可怕的，根據農委會一九八七年分析高雄沿岸附近重金屬含量發現銅是標準濃度的六〇倍、鋅七五倍、鉛三倍、鎳二〇〇倍。最近一九九一年環保署的研究指出，高雄大林蒲水產養殖區海域的含銅量及含鎘量爲全省之冠，銅爲標準濃度的二三〇〇倍，枋寮海域含鋅量爲標準量的二八五〇倍。鎘污染會產生痛痛病，這種痛痛病在日本發生過，現在我們也必須提高警覺，政府應立刻要求各沿海的鍊鎔工廠、電鍍廠、冷凍及製革廠改善排放重金屬的情況。幸好，今年十月台南廢五金加工區即將停止作業，否則繼續污染

【表一】英、美、日、台各國衛生下水道普及率

國家別	普及率(%)
英　國	94
美　國	71
日　本	42
台　灣	<1

資料來源：省住都局（1991）

六年後：雨水下水道23%～52%

污水下水道1%～10%

【表二】

都市	倫敦	紐約	羅馬	台北	高雄
每人享有綠地面積 平方公尺／人	22.8	19.2	11.4	<2.7	<2.0

※綠地與自然區佔全市總面積：
台北：4.5%　高雄：5.3%
（正常爲15%）

下去，後果不堪設想，沿海魚類將不能食用。

三、綠地與景觀污染

高雄市的公園綠地太小又太少，交通紊亂，路邊被車輛佔據以及色情氾濫，市容毫無美感，造成視覺景觀上的污染。高雄市自然區與公園綠地佔全市面積的百分之五．三，與台北的百分之四．五堪稱是世界上百萬人口以上最沒有綠色情調的都市，這種比例與應有的健康比值十五％相差很多。高雄市民每人佔有綠地爲二平方公尺，與應有的健康比例二十平方公尺相差十倍，【請看表二】這個情形已足夠使人窒悶了，再加上全市的建築規劃不當，工廠密佈，生活其中的人，要培養出良好的人文氣質、愉快的情緒簡直是不可能的。市府不增闢公園、開創綠地，還要在三民公園內建科學工藝博物館。在公園綠地不足的都市，要建博物館，難道沒有其他地方而非佔用公園，這眞是決策者缺乏文化素養和自然之愛的惡行。

高雄市只有鹽埕區有個大型停車場，爲了消化一百萬台以上的汽機車，只好任由路邊停車或劃位收費停車，使路邊的車子成爲全市最大最多的流動景觀垃圾。政府變相霸佔公用道路，剝奪人民的行路行車權和公用財產，收費斂財，損害人民權利，因此台灣的人民應該認清這個權益，要求政府廣建大型停車場，使道路恢復暢通清新，並廣植具有特色的行路樹，美化道路。

高雄市區內充滿各色各樣、亂七八糟、侵犯路空的市招，尤其是色情行業的路招，以最明亮的媚姿，淹沒住家和商區，污染小孩和市民們的性心態。如果色情業不能禁絕的話，應該使之地上化，合法化和隔絕營業。

高雄自然景觀的破壞也是市民們共憤的話題。好好一座天地造物所賜給的半屏山，竟允許水泥財團將它挖成半禿山。沒有人有能力造山，使山中有樹有動植物，那麼誰都沒有權利挖空大自然給予人類的自然寶藏。

除了挖山破壞景觀外，還有一個奇景是用工業垃圾造小山丘。台塑高雄廠在三十年前將石化煉製過程中的廢料電石渣接管噴灑在旗津海岸，當時旗津居民群起反抗，但卻敵不過軍隊暴力的壓制，如今電石渣堆聚海岸，長達數百公尺，高過路面五、六公尺，儼然一座小山，把旗津之美完全破壞，不但侵佔公有風景區還製造了環保史上最荒謬的化學垃圾山奇景，台塑發展過程中的惡行，在台灣環保史上是一個令人羞恥的惡例。對於這個海岸垃圾，某些人還出了奇怪的點子，想用這些化學垃圾，當做雕塑藝術景觀的材料，你說奇不奇怪？

上述的污染情況和工廠到底對市民的健康造成什麼樣的傷害，傷害的可能性和程度又如何？以下提供一些資料給高雄市民們參考。

台灣政府將十七種工業列爲嚴重污染工業，從煉油、發電、化工、製紙、紡織、染整、水泥和石加工業等都是致癌物質的禍因，高雄市有許許多多名列重污染工業的國民營工廠，它們會不會造成癌病的增加呢？我舉出下列情形供大家思考。

苯是煉油過程芳香烴工廠的產物，它是有充分證據的致癌物質，特別是白血病。煉油廠附近居民和經常接觸苯的員工罹患血癌的比率比正常人高是可以預期得到的。那麼，高醫葛應欽教授的研究報告應當有它的可信度，但煉油廠卻極力否認，充份表現出無知的反智心態。

氯乙烯外洩時，大家關心的焦點是它造成的空氣及器官傷害，其實氯乙烯它是一種出名的致癌物質，它會使清洗聚氯乙烯收成槽管壁的工人罹患肝血管惡性瘤，在國外已經發現了不少案例。

目前台灣每年進口六萬噸石綿。石綿的用途非常廣泛，包括汽車離合器、煞車來令、汽機車變速器、石綿瓦、石綿水泥管、地磚、隔熱物質和電池外殼等等，這些石綿製品本身就會造成肺癌及肋膜間皮癌，如果一個吸煙的人經常接觸或吸入石綿，將比正常人罹患肺腫癌的機率多五十倍，而發生的時間是在接觸後的二十年到四十年之間。

沿海海域中超過正常標準值數十倍到數千倍的重金屬，如鎘、砷及有機汞，這些重金屬經過食物鏈，不斷堆聚人體的話，也可能發生癌病，加上高雄市自來水中的三氯甲烷，請問，高雄市民，你們存活在什麼樣的環境中？誰有權利使你存活在這種環境中呢？請大家省思。

致癌物質大都也是導致畸胎或流產的物質，雖然在母親的懷孕期最危險，但是父親的精蟲也是原因之一，那些前面提到的苯、鉛、鎘和防腐劑等都是。因此在致癌環境中，除了使這一代發生致命的疾病外，也將產生體弱不全的下一代。

一個人在致癌的環境中生存發生癌病的時間大概是二十年後，如果加上抽菸和飲食習慣不良，發生的機率更高。而根據工業化指標的兩種化學產品——柏油和聚氯乙稀的產量曲線來看，它們從一九六〇年代開始大量利用，到一九八〇年代到達最高峰，也就是二十年後到達高峰。一九六〇年代時，癌病仍然在十大死亡原因三名外，二十二年後的一九八二年開始成爲十大死亡原因的首位，這個現象與工業化成長的情況有某種程度的相關。而高雄市的工業化比其他台灣地區更早、更厲害，高雄市民的十大死亡原因排行順序，在一九八〇年時，癌病已竄升爲第一名，這個事實正好說明環境污染愈厲害的地方，人們愈早提到癌病。

環境權是現代人才想要求的人權，破舊的中華民國憲法裡面沒有環境權的條文。從環境權來看，高雄市民的生活品質和景觀著實惡劣，每一個市民，不論是官員和升斗小民，都是受害者。如果光以環境權的標準來看，這樣的執政黨早就應該被人民用選票處決下台，但是人民竟放棄了這個權利，或與之勾結，謀求利益，成爲一個不完整人權人格的人類。因此我在此呼籲人民、民代和決策者，大家都應該建立環保共識，以整個環境權的觀念和立場爲著眼點，評估污染者對環境的影響，把嚴重污染傷害性的工廠廢棄或搬至離島，並加強污染管制。並且應該逐年撥出預算，從事公共建設，使停車場和下水道的普及率提高。闢建公園，綠化美化市區，高雄的環境才有變好的一天。

最近在新加坡召開的亞洲環境與經濟會議，有亞洲國家的政府官員和工商企業領袖參加，美國杜邦公司亞太經理哈勒戴說：「無視環保原則，大肆斲害環境者，爲國際社會所不容，應遭受各國的聯合制裁。」會中以日本的水銀中毒事件爲例，此事件後，日本更重視環保，花費數百億美元，結果卻造成新科技的發展，帶來許多工作機會。對於這個良心建言，台灣人民應以任何非暴力方式護衛，已成爲國際上污染範例的台灣垃圾島，應該有所行動，制裁和對抗破壞環境的團體和政策，希望繼日本之後，能邁向一個乾淨的已開發國家行列。

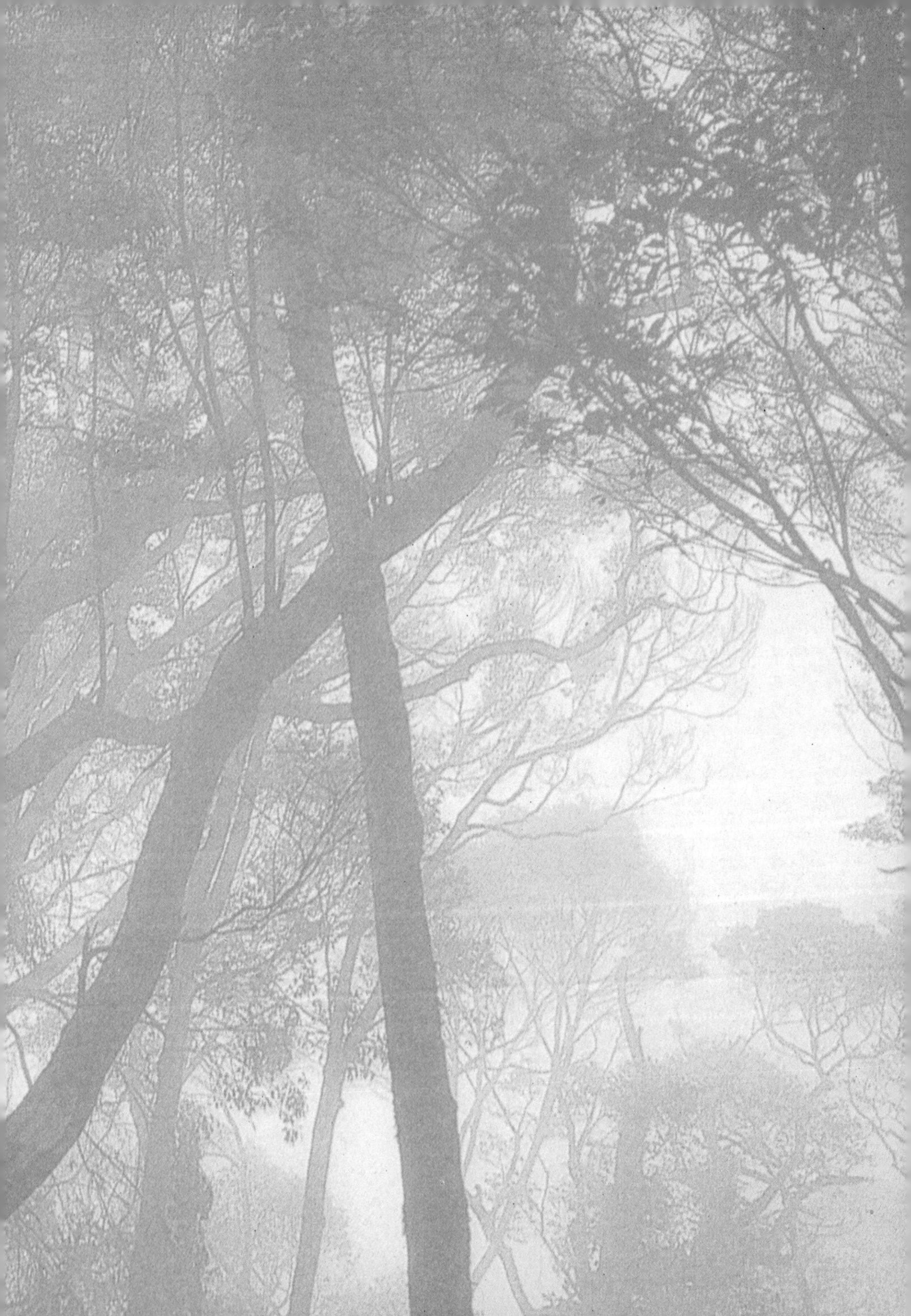

捉迷藏

在公園的草地上捉迷藏的孩子們
你們想躲到那兒去呢
南洋杉
矮灌木叢
或是假山後面
你們真的能躲得掉嗎
在這個城市封閉的公寓
地下室
或任何角落
污染的空氣這麼悶
噪音這麼悶
陰溼的文化這麼悶
竊盜和暴力也這麼悶

～摘自《鯨魚的祭典》頁七八～七九

衛武營區應闢建為花園公園

台灣人民沈默隱密的內心需要什麼？這是思想家、政治工作者和文化界人士必須探索的課題。舊曆年初三，我到高雄市文化中心附近訪友，街道旁停放了幾輛轎車，行人稀少，整個街市給人清潔明亮的感覺，心中充滿輕快爽朗的氣氛。文化中心內，許多市民們帶著孩子在綠地上遊玩，在寶貴的年節，他們沒有去別的地方，卻聚集在文化中心的綠地草木間，用行為來表達什麼地方是都市居民的最愛。

關於衛武營的利用，經過媒體討論一陣子後，高雄市政當局的決策成員們在諮詢機所設計的多種選擇中，選擇了設立大學的決定。這個決定，當然代表某些市民的想法，但是更能代表決策成員的想法。為什麼會造成這樣的決定？它牽涉到決策成員的政治社會背景、文化美學觀念和生態保育的認知層次。我不禁要懷疑那些人的文化素養和美學觀點是否及格？有及格的文化與美學觀點的人會做出這種決定嗎？

贊成設立大學的市民和決策人員，認為大專教育重北輕南，在高雄設立大學，能提供中、高職畢業的勞工朋友們進修的機會，這個觀念我不反對，但地點的選擇我卻不贊同。在一塊只有二十幾公頃的土地，設立一個能提供充分教育和進修機會的大學，實在太小了，限制也太大了。世界那個國家會將大學設立在人口密集區，使大學受到都市文明中的市儈氣息侵襲？大學應該是獨立於社會而自由存在的智慧良心訓練所，最好設在土地廣闊，安靜清潔的地方。在美麗的校園內施教者和受教者，不受外界干擾，心中充滿自由浪漫的胸懷，努力追求學識，培養實踐智識與智慧的信念。

某些人可能認爲一個國家有更多人受到大專教育，我們的社會會更好，這是主觀而膚淺的推論。根據教育部七十九年編印的教育統計指標指出，一九八八年世界各國高等教育學生佔總人口數的比較，台灣是千分之二十三，比日本的十九・六及英國的十八・八還多，和法國和德國大略相等。而全台灣二十五歲以上人口，受高等教育的人口佔千分之十一，比日本約千分十四少些，與英國相等，比德國的千分之四高出太多。可見我國高等教育人口的結構可與先進國家媲美，但是國民的品質、文化素養，社會的潛能和奉獻的情懷，卻低落得連一些未開發的國家都不如。一個經濟掛帥的社會加上高密度的教育網系，到底給社會產生了什麼效應，這是學歷至上論者必須思考的課題。我們是不是大量製造了許多欠缺慈悲胸懷，背棄人間公理，巧取豪奪，滿口謊言巧語的假「智識分子」，這是教育的本質嚴重錯誤的結果。教育的方法和目的不改，即使全國人民都是大專學生，整個台灣還是充滿悲情。

主張在衛武營設立大學的人，思考這個問題後，如果仍堅持你的看法，那麼請你建議把大學設在即將併入高雄市的高雄縣區，那裡有更多合適的地點。

高雄市縣即合併成一個約有二百萬人口的城市，到時候人口的壓力和工商的發展，將帶給都市本身和外圍地區雙倍的負擔。一個新都市的擴充只增加人口、工商活動和高聳密集的建築物，那眞是一個醜陋的城市。

目前高雄市的公園綠地及自然區的面積佔全市面積百分之五．三，依據東海大學林俊義教授的研究，合理的健康下限是百分之十五。每個市民佔有的綠地應爲每人二十平方公尺，而高雄每位市民只佔有一．二平方公尺，這表示高雄市民的環境指標是多麼惡劣，比開放性動物園的動物都不如。基於上述觀點，我主張包括高雄縣區在內的衛武營應全部規劃爲一個亞洲最大最美的花園公園，裡面遍植熱帶花草樹木，並闢建湖泊、慢跑道、文化劇場等休閒設施，地下挖建大型停車場。

花園公園的設立將與澄清湖連結成一個最美麗的觀光休閒勝地，一條寬廣的綠帶，新生的都市之肺，淨潔高雄上空及地面污濁的空氣。

一個設在鬧區的大專必將面臨遷校的命運，師範學院、高雄商專和高雄海專不是最好的例子嗎？衛武營如果闢建成公園，將是永遠的公園，子孫世代都將受到它的庇蔭，使大家享受到美與優雅的心靈生活空間，培養市民對自然的認知與互愛，體認人類與自然界榮枯息息相關。

主張設立大學的人口口聲聲說廣大的勞工朋友沒有進修的機會，卻沒有關懷貧困和勞工階層有沒有良好的休閒地方。在經濟成長財富分配的過程中，貧富懸殊愈趨明顯，公園的設立是提供所有市民，不論貧富，都能公平享有一片美好的地方。

我極力贊同綠化美化高雄觀念，以及衛武營設置公園的構想。如果一個社會的人民不懂得愛花惜草，欣賞人世之美，那將是個冷酷無情、毫無希望的社會。

推動衛武營公園第二波運動

生態學家穆尼埃認爲人被生出來必定有與他（她）相稱的情境，譬如花園、鄰居、城市或國家。個人歷史的一部分將被銘記在這塊土壤裡，他必須在他生長的地方創造一種美好的共同體環境。穆尼埃的話正好替我解釋衛武營公園運動在個人心中的生存相稱情境，土地與歷史及環境創造的意義。

衛武營公園促進會運動從一九九二年三月二十八日開始，於一九九三年五月二十六日於立法院舉行決定性聽證會，由前行政院副秘書長暨現任（一九九六年）調查局長廖正豪及張俊雄、林壽山委員共同主持，兩黨立法委員、高雄市縣長及參與協調各部門在毫無異議的情況下完成了第一階段的任務。五月二十六日那天在立法院的決議如下：一、衛武營土地同意改設自然公園；二、國防部願將營區搬遷，所需費用由營建署負擔；三、高雄市縣政府願無償供建蓋國宅四千五百戶、眷宅四千五百戶，且完成都市計劃用地；四、都會公園應由內政部負責開發；五、本案涉及之搬遷、都市計劃變更、規劃建設等由行政部門循行政程序儘速辦理。在這個階段十四個月期間，我們深深的感受到大高雄市民對公園的期待。我們透過種種活動，要求市民們共同來建造一個具有台灣特色，兼含人文與生態內涵的美麗公園，讓孩子們和草和花和樹一齊成長，讓相愛的情侶在樹蔭花草間徜徉，讓老年人有個地方休息、散步和運動，讓都市市民有個溫暖的綠色夢境。

促進會充分表現團隊精神，每個成員都奉獻出無比的熱情和毅力，使南高雄展現了解嚴後台灣社會的奔放活力。許多民代摒棄政黨立場攜手合作，學者與媒體更扮演了專業與輿論的正面角色，使水泥都市的居民眞正感受到生存共同體意識。這個運動不就是以社區營造來「經營大台灣」的眞實範例嗎？

一九九五年初，營建署經由公開徵選的方式，由衍生公司負責規劃，並在同年的六月完成規劃報告。在營建署、規劃公司及高市綠色協會成員的積極參與下，黃署長對這個規劃做了令人感動的註解，他說：「如果台灣的高雄能有一個這麼美好的公園，我會常常去那兒，那也是我的一個夢。」

但當這個廣大人民與專業工作者所規劃的公園計劃藍圖呈報內政部，再上呈行政院經建會時，經建會報卻提出了更嚴苛的條件，刁難南高雄人的希望。行政院經建會雖然尊重與允諾人民建公園的意願，取消了建國宅的方案，但卻認爲高雄市縣政府應拿出對等土地自建自售，然後給軍方一百一十億的搬運費，公園也必須由高雄市縣政府自行興建。

我們在此向行政院及經建會呼籲，搬遷營房爲何由三十億據增到一百一十億？營房搬遷早就由軍方計劃好了，爲何要地方政府出錢？一九九三年立法院的決議是國家公園，爲什麼現在又要地方政府自行興建？

當大高雄的土地被港口危險的大貨車輾得灰塵滿天、到處龜裂的時候，當大高雄人民爲了台灣的經濟而飽受四周工廠的傷害時，人民有沒有阻擋貨櫃車？人民有沒有對污染工廠持續強烈抗爭與要求對等回饋？而當人民卑微地要求一座公園時，卻以蠻橫偏頗的態度因應，又認爲高雄已有西青埔都會公園，不能再有另一座都會公園，但大高雄居民爲其他都市的三～四倍，如果以人口數爲標準，高雄應有三～四個大型都會公園，經建會的決議絕對不是一個有擔當和有遠見的政府應有的作爲。果眞如此，大高雄人民又何必平等納稅和服兵役？

當大高雄人民要求公園時，不只是意味著南北差異而已，而是意味著這個政府的水準是否已能感知現代國家及人民對文化及環境品質進一步的要求。

在此，衛武營公園促進會呼籲地方政府、民代及所有人民心手相連，推動已經近在眼前的第二波衛武營綠色運動的大夢。

一九九六・四・九

風箏

陪爸爸到紀念堂去玩吧，孩子們
把風箏
放上去
像是自己飛昇的一顆心
遠遠地離開這個城市
奮力往上爬
爬得愈高
才能更清楚地看見
童年遙遠的故鄉啊

～摘自《高雄詩抄》頁六一

都會顏彩

高雄的夏末，四維路上吉具棉的蒴果裂開了滿街種絮，散落柏油路。

人們建造城市，飼養美麗多彩的花樹，又把花樹監禁在公園綠帶，禁止它們的生育行爲，就像開車時仰面墜浮的花絮，種子掉落成垃圾，生命永不延續，一生孤獨的站著直到枯萎。

人們以無邊無際的房屋海洋把自己囚禁在室內，寂寞的心既矛盾又渴望的透過窗戶觀賞室外花樹，結果是人與花樹都無法從城市中解放出來。

台灣城市的綠蔽率和市民綠地佔有率是世界城市發展歷史中的惡意範例，台北的綠蔽率雖然有百分之五十，但市民瓜分後的綠地佔有率只有每人三·五平方公尺，高雄的綠蔽率只有百分之十八，每人瓜分後的綠地只有二·七平方公尺。更負面的是公園內充滿硬體，以花樹來陪襯水泥，成爲水泥公園。

同時城市公園的建造仍停留在造園綠化的觀念，不想讓植物落地繁植，演種更新，呈現自然生態體系的活力與丰彩。
什麼時候，我才能從台灣人臉上讀到花樹與景致渲染出來的內在優雅氣質。

無情的城市牢籠

衝破城市圍牆擁抱海洋

一百多年前，美國的民族學者J.B.Steere和日本的台灣學先驅伊能嘉矩在研究記錄中指出，從打狗到埤頭（鳳山）必須先坐船穿過紅樹林、芒果樹、林投、竹子和蘇鐵到苓雅寮，然後騎馬或坐轎車到埤頭。

一九〇一年，日人治台第六年，打狗（高雄）只有三千七百人，所謂打狗港只是小漁村的漁港，一九〇八年到基隆到高雄的火車通車，高雄港築工程也在當年開工，日人的第二期階段都市計劃隨之展開。現在的高雄精華區在當時仍是一大片濕地與沼澤，銜接海洋的呼喚和內陸的回聲。人們從綿長的海岸及濕地河川筏向海洋，成為海洋的一部分和海的子民。

歷經九十年，現代水泥高雄終於矗立在南方的海邊，成為一個國際的工商港都。或許是命運使然，日人將工業區配置在住商區的外圍，當住商區快速往外擴張，工廠及加工區往內侵駐後，形成高雄污染的圍城。因日人與國民政府不斷擴充港口，海洋成為商港的禁地，阻擋人們走向海洋，形成人與海洋的高雄「柏林圍牆」。自一九六〇年代，邊陲污染工業分工根留台灣後，河川隨著工業都市化的結果，因衛生下水道的零建設，把工業及家庭廢水排向海洋。從高空鳥瞰海界，只見一波波污濁的波浪沿著岸邊形成長長的濁帶，人們只能遙望藍色的海洋興嘆。

海洋是國家的法律國界，人們心中景觀的端點視界，城市大地的市界，也是文化心靈的疆界。有海洋而放棄海洋經營與保護的政府是閉塞的政府，有海洋而放棄海洋的人民是被監禁的人民，有海洋而沒有海洋的文化是自閉的文化，事實上，高雄及高雄人確實擁有海洋。

讓大家努力思考如何以不同的點、線、面，及心靈的版圖衝破高雄的城牆，走向海洋，回到幾千年前來台灣南島民族的海洋樂園，建構一個土地與海洋親密唱和的新高雄，建構未來高雄遠景中的虛擬實境。

輯二　留下高屏溪的靈魂

叫醒童年

夜深夢醒
老家村外的海浪
把童年叫醒起來

～摘自《台灣男人的心事》頁六六

童年的浪漫水鄉

每隔幾年，從高雄開往屏東平原的火車，又突然出現在我的記憶中，奔馳而來，喚起我重溫青少年時代的高屏之旅。

穿向南方橘黃色的原野，從車窗望去，南台灣仍然充滿著綠色的田地。

車子轟隆轟隆的輾轉高屏大橋，下淡水溪寬廣的河床，只能隱約的看到河道像河床草叢中的小繩子。

河床大部份被魚塭、野草、經濟作物佔據了。

透過黃昏清晰的物像，眺望窗外，想起三十多年前，一個高中生由故鄉佳冬坐火車通學到高雄中學唸書，那些甜美的回憶浮上憂鬱的天空。

每當雨水期，從車子上看到奔騰咆哮的河流，充滿了山野的生命；每當枯水期，那清澈的河水，像一首緩緩流動的詩歌。

車子隨著歲月急馳過去，現在的下淡水溪，愈流愈小，愈流愈窄，愈流愈黃濁，只有短三十多年的時間，一條仍是青壯年生命的河流，急速哀敗成老年。

三十多年的時間，我們大家殺害了一條有幾千年或幾萬年生命的河流，這是我們這一代人的共孽。

過了下淡水溪，車子經過東港溪、林邊溪和許多鄉間的小溪流，河川死亡的敗象一再的重現在窗外的田野。

一些鄉間的小圳渠、小溪流，已深深的被埋葬在荒郊野外。童年時，家鄉附近有幾條小溪，鄉界有條林邊溪，以及台灣海峽的南線。從五、六歲開始，初夏一到，同伴們便自動的在中午時刻相約去玩水。大家在溪流中游泳、追逐或潛水捉迷藏。整個夏日直到中秋，甚至在農歷七月十五，大膽的同伴還相約晚上玩水去。

在水中的歲月，那些同伴們無邪的笑容，身體的高矮、顏色和特徵，仍然那麼清楚的烙印在回憶中。尤其是在洩水道飛奔時，水滴四濺的身體搖晃著下身的小雞雞，多麼的純潔而有活力呀！

入冬寒或春日，不能游泳時，就拿起釣竿去河邊釣魚，看著流水，當落日黃昏時，沿著種樹木的河道回家。

如果沒有那些溪流，我們會那麼快樂親密嗎？幾十年後，小時候的玩伴還能因爲有共同的生命體驗而那麼親近嗎？

但是那個時代已經過去，水邊空間從台灣的鄉村逐漸消失，親水的河流文化被地下水、自然水和水庫文化取代了。

火車到達全台灣地層陷落最厲害的故鄉佳冬時，我彷彿通過了幾百年大自然演變的滄桑。

台灣的大地，您最後將會變成什麼面貌？

高屏溪

小水滴遊高屏溪

海的大家庭不像人類社會，將土地瓜分成一百多個國家，常常爲了爭奪疆界而戰爭。海水眞是四海一家，海洋中有許多洋流像血液循環著地球的表面以一定的途徑流動，並翻滾著海洋的食物鏈及魚群，像聖誕老人般把海洋資源定期帶向世界各地。台灣的黑潮不就是在冬季把烏魚帶給台灣，成爲移民與貿易的一種歷史誘因嗎？

信風把加利福尼亞洋流、北赤道洋流、黑潮及北平洋洋流吹成一個循環圈。加利福尼亞小水滴本來是加州海邊的一滴海水，因爲好奇，聽說海流將有一次亞州之旅，最主要的旅站是南台灣的高屏溪。廣告文宣上提醒水滴們：如果現在不去，亞州有些國家的河流將成爲斷河，像中國的長江、黃河和台灣的濁水溪、高屏溪，以後可能沒有機會去那裡觀光。

那年初夏，加利福尼亞小水滴終於隨海流旅行團東遊，經過北赤道洋流後隨黑潮到達台灣海峽。

小水滴和同伴們拚命往上浮，被陽光蒸發成更小的水滴，與遊伴們搭上海峽上空的浮雲，在天空中飄浮了幾天，才被西南季風吹往陸地上空。首先映入眼簾的是一大片平原，那片平原在地理上原本處於馬緯度無風帶，應該是淒涼旱地，但眼前看到的卻是閃爍著金色陽光的綠色版圖，小水滴一直以為加州是世界上最美麗的地方，但他看到台灣島國時不得不驚嘆，導遊告訴他們台灣五分之三的土地被高山覆蓋，三千公尺以上的高山共有二百六十多座，每座山都是隔離的生態家庭和水源庫，這就是台灣成為綠色世界的原因。而且，從山頂到平原不到四千公尺的落差就有四千多種植物，平均不到一公尺有一種以上的植物，這就是大自然鍾愛台灣的恩賜。

小水滴隨雲堆飄盪，他看到山上佈滿繁複的林相和花草樹木。高山上有台灣冷松、鐵杉、玉山圓柚和滿山的杜鵑，讓他看得傻眼。忽然間，雲堆碰上一座巨大的樹林，那就是台灣紅檜和扁柏組成的高山霧林帶。小水滴和遊伴們沾上了扁柏的葉片慢慢循著樹身流下，他也聽到森林下面的細流和地下水流的腳步聲，終於踏上高屏溪之旅的第一站。小水滴和遊伴們游進森林社會含水層四通八達的水路密道，那裡有許多泥土、樹根、藻菌和生物。他們親切的歡迎小水滴，並帶他四處參觀這個亞熱帶森林的地底世界。小水滴在那兒玩了幾天流向一條細小的涓流。一路上，他靜靜的欣賞挺拔優雅的巨木，森林裡的飛鳥和美麗的花草。導遊說不久將經過一段隧道，說著說著，眼前一暗，小水滴已經進入地下水的航道，潛行在黑暗中，無限寧靜的流了一段時間後，突然轟然大響衝出岩隙，形成水花四濺的瀑布，從幾十公尺的高處往下面的水潭激射，摔得頭昏眼花，終於穿過森林走向人類社會。

導遊告訴團員們儘量欣賞美麗的上游，往後還有一艱辛的路要走。從四面八方匯集而來的小水滴們一路上互相交換上游旅程的經驗，小水滴才瞭解這條河流大約長一百七十多公里，是全台灣最大流量與流域面積的河流。這條河共匯集了四條主要支流，包括楠梓仙溪、荖濃溪、濁口溪和隘寮溪。楠梓仙溪和荖濃溪從玉山傾流而下，濁口溪則從較低的卑南山及出雲山流來，而隘寮溪發源於遙拜山和大武山，這些山都是台灣原住民的聖山和傳說中神的家鄉，許多原住民的祭典及歌謠虔誠的歌頌森林之神的偉大與恩典。上游住有南鄒和布農，魯凱和排灣則散佈濁口及隘寮溪。其中還有一種目前已從台灣消失的平埔族，他們的後代現在遺落在旗山附近，被漢人溶化掉了。下游則住滿了後來移民自中國的河洛人、客家人、外省人、大陳人。這條河流養了這麼多不同族群的人，才被稱爲屏東平原的母親之河，又叫族群共和溪。

上游的原住民們幾千年來都是河流的好朋友，他們從小到老與河流相敬如賓，他們親近河流，偶爾會到河裡捉魚，卻很少放毒捉魚，不像平地人，一天到晚毒魚電魚。原住民也敬畏河流，他們常常告訴孩子們說：「河流走過的地方，以後還會再來。」有時候，雨下得太大，河流眞的往原住民的村落沖過去，因此他們不敢隨便佔領河流走過的道路，不像漢移民，拚命砍伐高山森林，重植高冷蔬菜，上山時猶如蝗蟲過境，下山時垃圾留滿地，漢人永遠不會明白原住民們幾千年來與河一家的生存方式與道理。

這些原住民都是歌唱家和藝術家，特別是魯凱族和排灣族。他們的木雕藝術絕美，也很愛把自己裝飾成八色鳥的模樣。他們是台灣人種中仍然保有原始眞誠的族群。小水滴還看到了許多特有種的高山花朵，像台灣百合從高山上像希望的白喇叭一路盛開到平原。一葉蘭則孤絕冷傲的生長在霧林雲海中的濕冷岩壁，其他如玉山杜鵑、玉山薄雪草和玉山石竹等，這些花木都在六月開始綻放，這次旅途正好碰上花季。小水滴最感動的是看到山坡上玉山杜鵑綻開的整片花海，構成台灣山與花的大自然樂章。

小水滴也碰到一些加州河流沒有看過的魚類，像高山鲴魚、馬口魚、台灣石斑魚等，這條溪住有六十八種魚類，一百二十八種鳥，但他非常遺憾看不到聞名全球的帝雉。

小水滴沿著荖濃溪這條支流下來，經過高雄縣的桃源鄉後，很快的流向下游的都市化農村，開始了導遊所謂的苦難之路。小水滴到達旗山美濃時，首先聞到一股腥臭，導遊說那是人畜的屎尿，這是海洋世界所沒有的；愈往下游，河流也逐漸灰濁，胸口開始窒悶，旅伴們大都呈現輕微缺氧。四大支流在嶺口會合成一條大河。過了嶺口，除了屎尿味外，也聞到一些化學酸鹼的惡味，聽說是兩岸化學工廠排放的。小水滴開始些微中毒，心中直喊快點快點，快到出海口。在昏沈狀態中，突然撞上一片蘭花瓣，花朵的幽香泌出了這片土地特有的香氣，小水滴精神一振，爬上花瓣一齊往下游，原來那是一葉蘭的花瓣，小水滴慶幸坐上這艘諾亞方舟。其實這只是苦難的開始。再往下游，污染物充滿河川，小水滴沾滿全身，奇癢無比。有些可能是致癌物質，是一些工廠委託偷採砂石的人在採盜砂石後埋入河床的凹坑內，然後慢慢的滲進河水，前陣子美濃附近的河床不是發現了三千多桶化學廢棄物嗎？

小水滴在花瓣上載沈載浮的衝向出海口，要不是一葉蘭的香氣，早已休克昏迷。他迷迷糊糊的看到有人埋暗管排放毒水，把廢水打入地下，有人不分晝夜的挖採砂石，甚至挖到六公尺下面的黏土層，使河床裸露出，也有幾座綿延近一公里的垃圾河岸。反正人類不想要的或用過的，不管有毒或無毒，都往河裡丟。小水滴想不通，生長在這條河流上游的人類跟下游的人類爲什麼有這麼大的差別。

下游的人難道沒有組成所謂的「政府」和社會嗎？爲什麼允許人類公民做出這種行爲？小水滴恍恍惚惚的拚命向前游，腦海中簡直不敢想像這裡的人民品質和內在心靈到底出了什麼差錯，他們和政府都是共犯嗎？

小水滴在下游發現了一個令人驚奇的現象，下游的魚類變得很少，只看到兩種強勢魚叫做吳郭魚和溪哥。在高屏大橋的迴流處，河面長滿了布袋蓮，幾十隻紅嘴的吳郭魚每隔幾分鐘就一齊竄上來，在水面上猛吸幾口氣，然後迅速下沈，一直重覆同樣的動作，原來是水中氧氣稀薄，只好用這種方式生存。

有一天下午，小水滴看到河床上有一群人手中拿著相機和紙筆，後面跟著一些記者和學者，他們正在紀錄高屏溪的生命象徵。這一群人聽說是什麼保護高屏溪綠色聯盟、美濃愛鄉協進會、鳥會和濕地保護聯盟的生態保育成員；六年來他們一直呼籲復活高屏溪，要求政府和人民停止迫害奄奄一息的河川。這些人還拍攝紀錄片、出書，並邀集官員民代到河流懺悔，也開過不止百次的會議，現在他們還在喊著關懷著，但高屏溪仍然躺在污染與破壞的加護河床內。

加利福尼亞小水滴衝到出海口碰到海水時，慶幸自己逃過一劫，他深深地感謝上帝和一葉蘭，但一葉蘭花瓣卻被污染成黑色，經不起污濁凡界的摧殘枯萎死去。潔淨的靈魂眞不容易在這兒生存，這個下游社會應該怎麼辦？

這次旅遊的代價太大了，幸好已經回到大海，馬上就要順著黑潮，轉搭北太平洋流回到加利福尼亞海邊，他默默地注視著死去的一葉蘭，那瓣台灣土地聖潔的花瓣，願您安息！

小水滴想著，地球上任何地方的土地和河流本來都是美麗清淨的，會變成污穢醜陋都是主宰地球生界的人類所造成。他們的異常行爲與價値觀，必定逃不過佛教輪迴思想的因緣果報。土地與海洋本是一家，當土地不再接受海洋的滋潤，河川將乾枯，田原將荒蕪。小水滴祈望從現在開始，人們不要再談理論和開支票，眞正去愛這條河流，禁止所有污染的東西進入河川，也不要讓可怕的下游人種進入河川，使河川生養休息十年，否則這裡的人類只有繼續蓋水庫，阻斷水滴們回到大海懷抱的路，使河川成爲斷流，大地上草木不生花不開而鳥飛絕。

小水滴祈望不要把破敗的未來交給後代子孫，讓子孫們詛咒我們的自私與殘酷。願全人類的子孫出生時能夠擁有仍然美麗的世界，一張開眼就會感謝祖先的恩澤和生命的喜悅。

一九九九年・一月

高屏溪的鴨群

高屏溪的夜晚獨白

我害怕白天，一切都看得那麼清楚，特別是我的下肢，那段接近黑死癱瘓的部位，被一些不知感恩的人看到了，又會羞辱我一番。其實我內心隱秘害怕的都不是這些，而是我對白天的台灣人沒有信心，台灣人已逐漸的失去高貴的品質和慈悲心，在明亮的白日，他們的所作所爲令人痛心，我對他們講什麼？可能不會讓他們慚愧自責，因此只好偷偷的在夜深人稀的時刻，獨自喃喃自語，希望喚回他們內心深部的良知。

我必須告訴河岸兩邊的人民，我來自台灣的聖山，那座聳立於台灣地圖最高峰的玉山，是象徵台灣父愛精神的聖山。在那些山上三〇〇〇公尺左右的霧林區，霧氣形成的雲海造成我的血液，血液向下奔流，供養兩岸三百萬人口。現在，玉山被踐踏得面目全非，說出我家世的淵源流傳，有時倒覺得不怎麼體面。

從玉山流到出海口，一共有一百七十一公里的路程，我一面流一面聽河岸人民的談話聲，發現有五種以上的族群住在岸邊；布農族和曹族，魯凱和排灣住在山區，那些純樸無辜的原住民，令我無限同情，他們與我的互愛，代代不變。從他們的遠祖開始，我看著他們一代一代遺傳下來，每個男女都曾赤裸沐浴在我的血液裡，沒想到近年來卻將面臨滅族的惡夢。你說人間公平嗎？再流下去，先經過美濃鎮、旗山鎮、里港、大樹，再匯流入屏東縣，最後繞向高雄縣的溪口出海。美濃是客家大鎮，因爲他們來台灣稍晚，和原住民混血改良情況少，保有了純粹客家血統，純正的語言和深刻的土地感情。鄰鎮的旗山是一個人文萃集的河洛大鎮，香蕉之城，這兩個鎮都是美麗的地方。往下流，我聽到的大部分是河洛閩南話，偶爾聽到客家話和北京話，因此有人說我是五族共和溪，也就是大家共同和平生存所依靠的溪流，這個尊稱確實令我窩心。但是最近因爲高雄市自來水質變壞，大家都買礦泉水來喝，高雄市民又被恐嚇說不建水庫將沒有水喝，大家開始關切我，但是批評都比關心來得多，我只好在這夜晚偷偷感嘆，忘恩不要緊，負義也沒有關係，但不要有謀害我的惡念。

有一個政府機構叫水資會，這個機構應該是如何讓我更健康，不再受傷害，保護我本身的資源，維持生命的最佳狀態，使我能提供足夠又清潔的血流。但是這個水資會說我病體不輕，必須用手術截肢的方法，把我最清新的上臂血液截在水霸上，讓高雄人有水喝，這種蒙古大夫，一天到晚偷偷摸摸想暗算我，實在令人厭惡，他不知道如何用更好的方法不傷害我，又能拿到我的養分去滋養人民。我對這個會最不滿！想想看，一年蘊藏有二十億萬噸血流潛能的我，只要維護更好的健康，高雄人喝不到安全的水嗎？水資會，你的良知應建立在愛的基點上，不要再歪頭歪腦，把台灣的河流建滿水庫，讓台灣進入沙漠化的不歸路。

我下肢血液變濁的問題，不是一天造成的。我是全台灣最大流量的河流，以前沒有養豬的時候，什麼污染我都自我清除，但是高雄有家大百貨公司，到河岸邊飼養了幾十萬頭豬，加上其他大小型養豬戶、河面的鴨，那些動物的屎尿把我搞得又髒又臭，各位，你們到高雄那兩間大百貨公司的時候，請拜託他們不要再賺骯髒的錢，要不然，爲了保護我，你可以用消費者的立場貨比三家，一定要到那裡去買東西嗎？

除了下肢變濁外，有人說我變得非常刻薄，台灣話叫「鹼」，其實這已超出我的能力範圍來保護海岸的土地，你們在自掘土地的墳墓，目前已經新塚滿地，土地鹽化是土地的死亡證書，我相信這個病會很快的向內陸延伸，迫使人民向內棄守良田與家園。那些超抽地下水的養殖業和重石化工廠，你們不去責罵他們，卻一直羞辱我，你們的大腦已經出了問題，趕快去看神經科醫師吧。

至於山上的霧林和森林是我最大的隱憂，台灣的財團吃光了西部平原後，虎豺的目光已射向東部及山林地。財團向山開發的結果，最後導致我眞正的死亡，因此我哀求財團們，如果你們擁有山權，請開闢爲森林公園，多補種樹林，爲你及後代留下活種，爲觀光休憩樹立新的健康典範。

四十多年前，我青春美麗，活力無窮，奔馳原野；但是最近已逐漸衰老，我的衰老等於是平原土地的衰亡，也就是你們生存歷史的死亡，如果你們還愛自己，那麼請先愛我吧！眞心的愛我！

玉山冰封

出擊

醒來已知
隱隱的鼓聲
在河之側
敲擊石老而冗長的謎歌

時間無色的焰火
寂靜而悲憐地點燃
千顏萬彩的灰燼

沐浴之後，就散髮與
海潮對決
永常的音浪
像武士們剛出鞘的利刃
迅疾的閃爍挾吆喝劈來

將軀體斜削成
長滿翅翼的薄片
飄飛
鳥，及其
嚮往

～摘自《鯨魚的祭典》

成立「保護高屏溪綠色聯盟」的緣起

高屏溪，西部最寶貴的河流，一旦跟隨其他西部河流，自美麗的平原死亡消失，將是台灣自然生態史上最大的悲劇。因此從現在開始，十年之內，不整治高屏溪的話，高屏溪的死亡馬上進入讀秒倒數階段。在這個台灣生態史的悲劇時刻，也就成了整治保護高屏溪的黃金時刻；失去這個契機，任何人都無法挽救台灣大地最重要的水資源。

一九九三年瑞士國際管理學院世界競爭力報告指出，我們的世界競爭力在十五個開發中國家名列前茅，但是環保措施、生活相對成本及生活品質都殿後，這顯示我們國家的成長已建立在危險而貧乏的自然資源上。以長遠而言，國家的成長與社會的穩定將受到極大的傷害，我們認爲資源的保護與節省乃是國家安全首要之舉，安全不止免於敵方攻擊，它也包括了文明體系的保護、自然資源的儲存與永續利用。

遠在平埔族時代，平埔族人民就已懂得利用河水從事農牧，使當時位於北回歸線幾近沙漠的嘉南及高屏平原變成農地，也使平埔族由游牧民族變成農牧民族。荷鄭時代和清治時期，可以說是一部拓荒開墾的農業發展史，其中灌溉及治引河川扮演了農業發展的關鍵角色。曹公圳就是使人爲感念及紀念曹公治水的功蹟，用他的姓來命名。我們的先民，除了引水灌溉外，他們也在河中捕魚、洗衣、游泳、賞景。記得光復後不久，每當林邊溪及東港溪豐水期結束之前，許多瓜農以繩子綁住身軀，拿竹竿跳入滔滔河水中，插竿佔地以等枯水期種植西瓜。這些都表現出人民的生活與河流密不可分的關係所交織而成的愛與血淚的歷史。

因此，河流的死亡，等於與這條河流相關的土地文化及自然生態的病變與死亡，不是只單純的蓋滿水庫來解決飲水的問題。

目前，高屏溪面臨著下列一些問題：①水體污染②上游集水區保育不良③地下水位下降④出海口地下水鹽化⑤非法侵佔或利用河床。這些問題造成水體不佳及未來水資源的威脅。目前雖然我們喝不到安全的水，但水量仍然充足。我們到高屏大橋出海口即可見約一公里寬的河面，往出海口奔流。因此整治高屏溪，使水質安全又乾淨，是迫切而必要的急務。

拒絕喝水的恐懼，拒絕喝恐懼的水

——保護高屏溪綠色聯盟成立之經過

拒絕喝令人恐懼的水和每天恐懼的喝水生活，是高雄人幾十年來的惡夢。

全台灣流量與流域面積最大的高屏溪，是高屏平原的母親之河，原本是清流美麗的大河，如今卻傳達了土地血脈將死的信息。

一九九二年三月廿九日，一群關心高雄市綠色環境的朋友組成了衛武營公園促進會，經歷一年二個月，於一九九三年五月廿六日在立法院，由高雄縣立委及相關單位共同決定了將六十七公頃的軍事用地全部改建成公園。這項由促進會成員、學者顧問、民意代表、高雄縣市政府及媒體文化界人士共同推動的綠色運動，燃起了南方綠色革命的第一把火，它的成功振奮著高雄人的心。

在這之前，高雄柴山那片一千多公頃的綠地，由於軍事管制和市民自治的奇蹟，替高雄保留了珍貴美麗的自然資源與歷史遺跡。那是朋友們把柴山當做都市中的聖山，每天早上，數千民眾上山的時候，那把火就一直傳遞在彼此的心中。

當衛武營自然公園運動告一段落，而柴山運動方興未艾之際，這些朋友們又把生態保育的火種傳送到貫穿高屏平原的大河——高屏溪。

一九九四年三月十二日，一群包括醫師、文工化作者、記者、建築師、律師、教授及生態保育工作者在市議會成立了「保護高屏溪綠色聯盟」，目前約有七十位盟員。

本會成立的目的是想成爲環保的實踐者與協調者，藉著我們及縣市民眾的參與，使大家不再眼睜睜的看著這條無比珍貴的河流從後代地圖消失，讓大家成爲錯失歷史責任的一代，因此本會成立後馬上展開行動。我們結合媒體將本會的理念傳達給政府與民眾，我們去拜會高雄縣市及屏東縣首長，進行遊說溝通的工作，並與高雄縣政府合辦學術討論會，綠盟也邀請民代與媒體記者遊河，讓民代瞭解目前高屏溪的現狀，藉此造成媒體的效應。一九九四年六月三十日綠盟成員去台中會宋楚瑜主席，經過充份溝通，宋楚瑜當場宣稱籌五百億元整治高屏溪，此即爲日後五百億整治高屏溪的濫殤。

在成立大會時，我們指出這條河流曾使平埔族由游牧民族而轉變成傍河而居的農業租耕民族，而往後漢人移民的歷史可以說是一部拓荒開墾的農業發展史，其中灌溉及治引河川扮演了農業發展的關鍵性角色。高屏溪自台灣的聖山——玉山奔流而下，供給屏東平原的子民大量的活水，使屏東平原逃離了類似澎湖沙漠化的自然厄運。在引水灌溉的歷史中，清代曹公的事蹟，令當時的移民感念，後人以曹公國小、曹公圳、曹公路、曹公祠來紀念他，因此土地替這位賢能而有識見的官吏說出無盡的感激。

這一條這麼重要的河流，如果隨同其他河流，自美麗的平原死亡消失，將是台灣自然生態史上最大的悲劇。因此從現在開始，十年之內不整治高屏溪的話，高屏溪的死亡馬上進入讀秒倒數階段。在這個台灣生態史上的悲苦時刻，也就成了整治保護高屏溪的決定性時刻，失去這個契機，任何人都無法挽救台灣土地剩下的最完整的河川。

隔日，即七月一日，綠盟聯絡在高雄地區九位立委去拜會環保署，當場把高屏溪垃圾長城及污染狀況展示在環保署及民代之前；本聯盟又指出，全國整治河川順位之不當及荒謬性，高屏溪竟然位於整治順位的第六位。淡水河與高屏溪整治經費有天壤之別。因此決定於八月，由環保署率地方主管官員及立委共同勘查瞭解高屏溪的污染狀況。八月一日那天，高屏溪眞是高朋滿溪，大家飽覽了污染與破壞奇觀。

八月廿日起，綠盟於高雄市的長谷世貿大樓及高雄縣婦幼館，舉辦了高屏溪人文攝影大展。此次大展由高雄市縣政府及綠盟共同主辦，在攝影大展中我們以攝影作品、話劇、幻燈片、生態紀錄片、文物及壁報展現高屏溪族群的多樣性、生態的美麗與珍貴、河流的原貌與變貌。綠盟成員洪田浚將多年來所拍攝的心血全部拿出來參展，綠盟秘書長蔡明殿自綠盟成立以來幾乎以河爲家，他所拍攝的照片，也都成了寶貴的紀錄。

自四月十二日起，余政憲縣長展開了一連串的掃鴨行動，余縣長堅持不妥協的精神令人印象深刻，也逼使養鴨戶移到下游屏東縣管轄區內。余縣長對整治高屏溪及生態環境的重視，被生態保育團體推舉爲最「環保」的官員。

本會在成立之後，編列將近一百萬元的預算，拍攝高屏溪紀錄片。紀錄片分二部份：第一部份爲高屏溪的生態與自然景觀和污染狀況，意圖表現大河的美麗與哀愁；第二部份爲高屏溪所孕育出來的人文歷史與族群文化。這部紀錄片大約要在一九九五年中才能完成。

目前高屏溪面臨的問題大眾都很清楚，大約分爲：①水體污染②地下水平衡補注③上游森林保育及水土保持④水資源的利用。這些問題的智識面及技術面相信已相當清楚明確，如何有效的執行才是未來最大的挑戰。地下水超抽是日後高屏地區水資源最大的隱憂，政府應加速建立偵測、監督的資訊體系，並尋求改善之道。

目前政府解決飲用水淨化的方法有民生與工業用水分離方式，將較乾淨的水供人民飲用，再加上南化水庫和大樹攔河堰工程的開工，高屏地區大約在民國九十六年左右不致有缺水危機，日後又可越域引荖濃溪的水到曾文水庫，此將增加六十萬噸左右的水，因此在民國一一〇年以後仍應沒有問題，也就是說大約廿年後才必須面臨更多的問題。

世界整治河川的經驗已有上百年以上的歷史，從許多成功的案例中我們發現整治河川，應以河流流域爲一單位，而且河川管理委員會中必定要有污染業者參與水質的監測與評估，及排放標準的制定與執行，而目前我們的政府都不整合污染業者，且以較寬鬆的法令和執行標準來處理污染管制，這點必須改正，因爲業者參與管制污染是最經濟且有效的整治投資。

大樹攔河堰將於八十六年底完工，攔河堰下游的水域在枯水期時的水量將大量減少，因水量減少而產生的河川新生地或浮覆地，在河川法線重劃之後，綠盟主張應以零開發的觀念，重建一條生態河川的新面貌，在河床非行水道區做有層次的植栽，廣建埤塘湖泊，擇定少數地點建休憩場所，使高屏溪下游的生態新體系成爲台灣整治河川及親水文化的新典範，而得以永續保存利用給後代子孫。

目前高雄縣政府與綠盟正在河口著手保育紅樹林，期望復原太平洋南島體系河口美麗的紅樹林生態景觀。

因此，我們祈望政府、環境保育團體，及民眾共同來爲這條溪贖罪，並累積做爲人類的悲慈之心。基於此觀點，我鄭重的呼籲屏東縣政府，請不要逃避這個歷史責任，土地會把眞相告訴我們的子孫，到底我們爲它做了什麼？

高屏溪口紅樹村

留下高屏溪的靈魂

一億五千年前後
霧水從中央山脈循森林而下
誕生了古高屏溪

高屏溪挾山土奔流屏東谷地
創造了屏東平原
等待人類的造訪

從紀元二、三萬年前開始
舊石器與新石器人類
南島民族、小黑人、漢人、荷蘭人、日本人
都曾在台灣生存或消失
而高屏溪也流穿了億年光陰

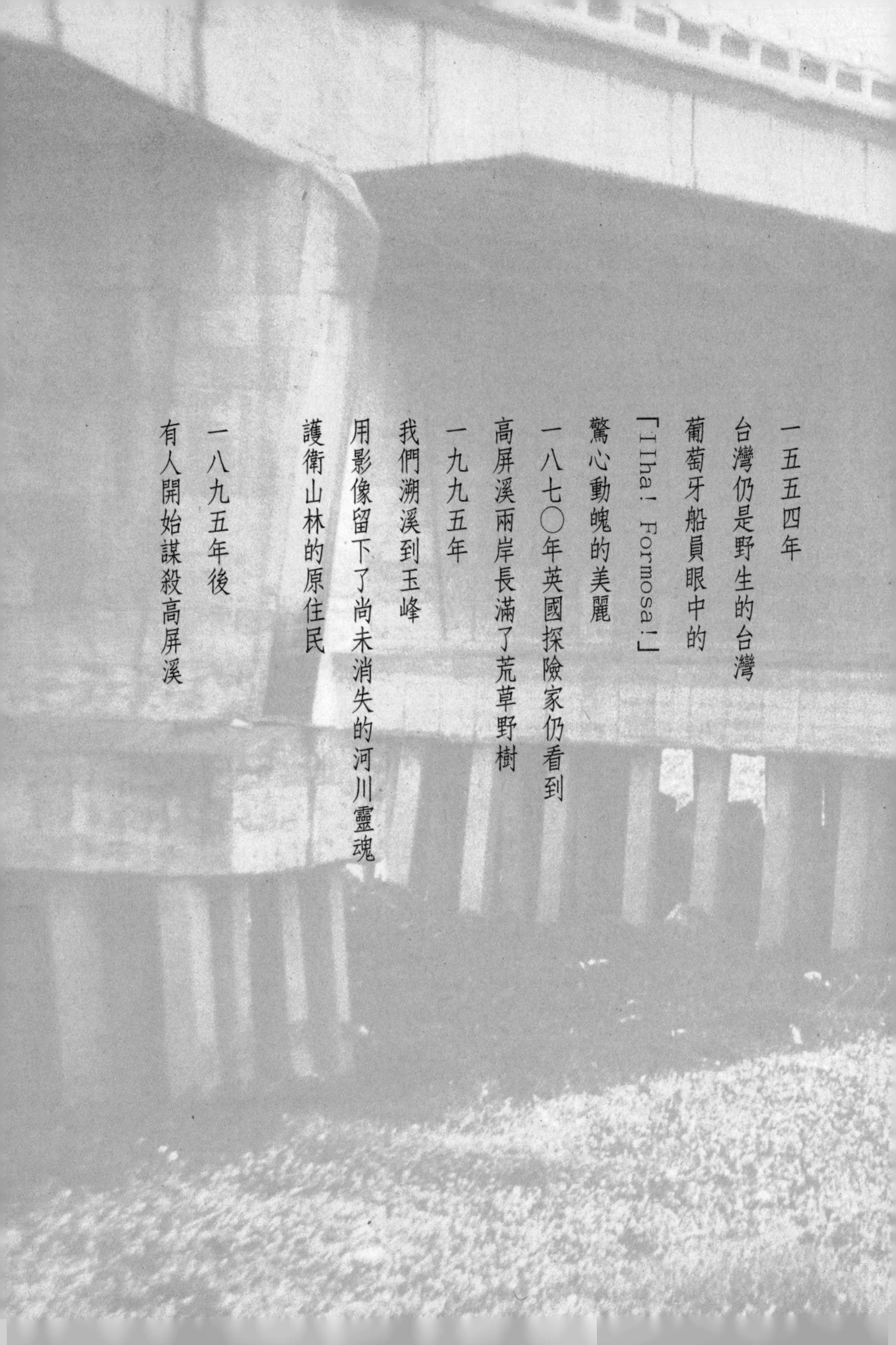

一五五四年
台灣仍是野生的台灣
葡萄牙船員眼中的
「Ilha! Formosa!」
驚心動魄的美麗
一八七〇年英國探險家仍看到
高屏溪兩岸長滿了荒草野樹
一九九五年
我們溯溪到玉峰
用影像留下了尚未消失的河川靈魂
護衛山林的原住民
一八九五年後
有人開始謀殺高屏溪

我們只好抱住這些美麗的照片
大聲説不！

地史上幼稚而年輕的生物人
怎麼可以在這短短一百年內
結束一億五千年生命的共同祖先

〈註〉人體內有百分之七十的水，這些水因緣循環，必定曾經流進流出人類祖先的體內，曾經是祖先的一部分。

輯三 土地的聽診器

鎖匙

不知道那個病人
匆匆忙把藥拿走
卻留給我
一串鎖匙

翻看著它
像是外科醫生手中的斷肢吧

失去了枷鎖
能夠在這水泥木板和鋼鐵的城市
活下去嗎

休診後
把它掛在鐵柵門外

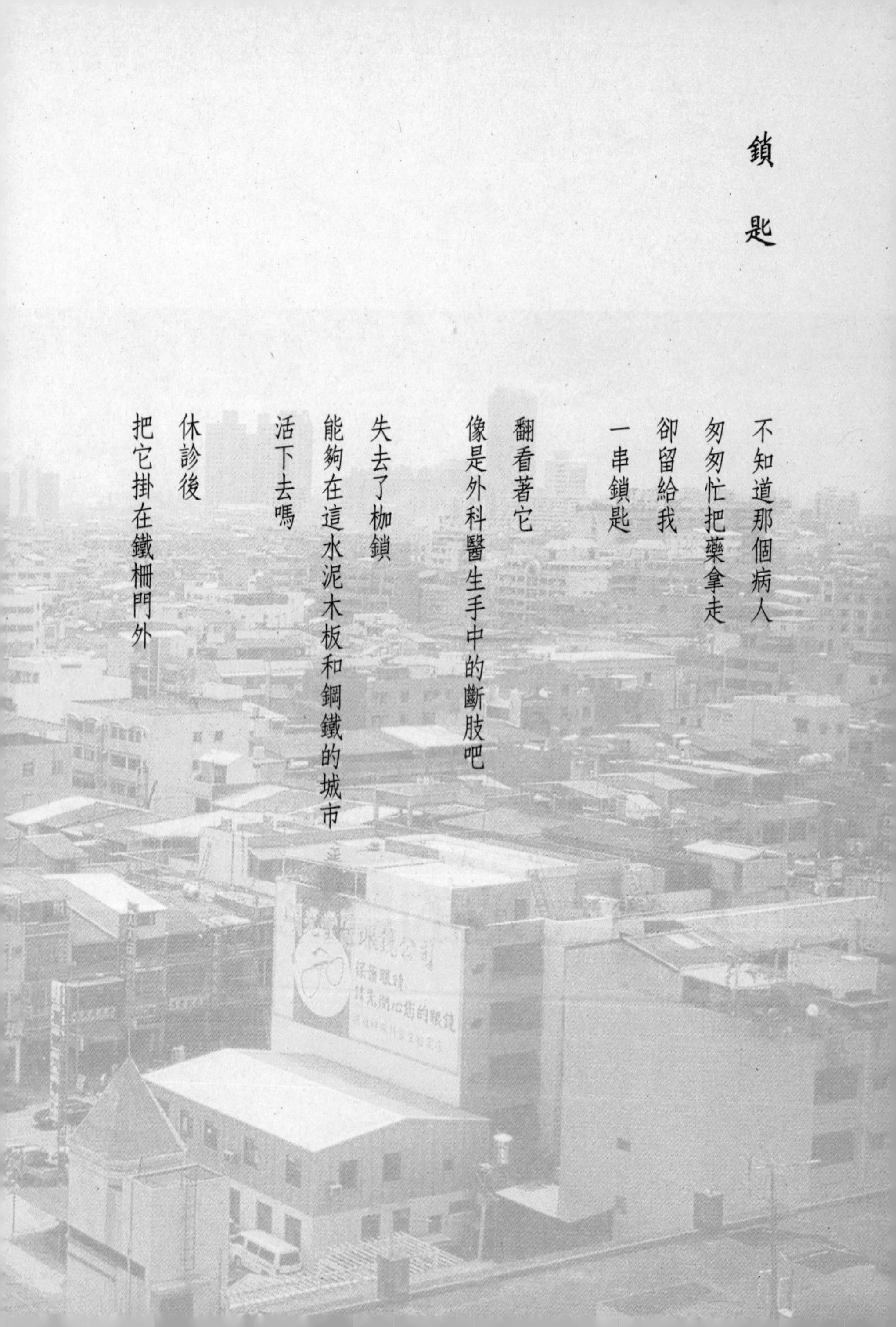

或許
他正奔馳在秋末冷清無聲的街道
追尋
門等著他

摘自《鯨魚的祭典》

台灣醫界與生態環保運動

五千多年來，人類歷史曾經綻放出許多燦爛的文明，但也經歷了戰爭、疫病和暴虐統治，這些災難都隨文明的腳步一一消失，被土地與時間治癒了。

但是自工業革命以來，不到二百年的時間，人類面對的災難卻是我賴以生存的地球。全球溫室效應、污染、人口成長、科技產物及過度開發等問題，已迫使地球的命運進入病危的警戒狀態，也關係到人類的存亡。誰能保護和治癒地球，是未來必須面對的困境。

台灣的環境保育問題，雖然有地域上的特殊性，與全球的環境保育仍不可分。台灣自一九六〇年代，成為資本主義生產分配體系的邊陲成員，大量接納加工產業及高污染、高耗能耗水工業。雖然經濟快速成長，但對環境生界的傷害卻遠遠超過成長的數據。台灣的森林、河川、海洋和棲地品質都受到嚴重的污染和浩劫，徹底改變了地母的面貌。台灣環境保育運動落後美國甚遠，美國的環境保護運動，在一八九〇年已開始萌芽，美國在一九七〇年頒佈環境保護法，成立環境保護總署，環境保育運動至此到達高峰，持續到現在。我們卻在最近才計劃成立環境資源部。

我們的環境保護運動以解嚴點爲分水嶺，分爲戒嚴時期與解嚴時期兩個階段，戒嚴時期的環境運動大都是受害者的抗爭運動。一九八二年開始有生態保育團體的出現。解嚴時期的環境運動，雖然承續戒嚴時期的模式，但是抗爭者不再以反對黨民代爲領導中心，地方自主性加強。而生態保育運動也逐漸脫離了紙上談兵，以雙腳踏上泥土直接投入地方的切身性生態保育議題。在台灣的環保運動中，反核運動跨越兩個時期，投入的人力資源最多，至今仍方興未艾。大多數台灣環保運動者，都受到台灣保護聯盟的洗禮。一九七五年回到台灣的林俊義教授和他的學生陳玉峰教授在環境保育運動上扮演了啓蒙與推展的角色，播下了日後的種籽，也給環境生態保育的團體及個人有更深更廣的知識及視野。

他倆及台灣環保聯盟的施教授等人影響了不少後進，當然我個人以及南方綠色團體的成員也受到他們很大的影響。

燃起南方綠色革命運動的第一把火是一九九二年三月二十八日成立的衛武營公園促進會。不過在這以前，美濃的朋友們已經展開強烈的反水庫運動，這些朋友後來也成了南方伙伴。

衛武營公園促進會由民間發起，當時主要成員大都是醫界聯盟的同仁，像黃文龍夫婦、曾瀧永、李永浩、余政經、蔡龍居、陳順勝、韓明榮、鄭炯明、莊銘旭、王興耀夫婦等，另外也結合了文化工作者、社會運動者、教授及記者，像吳錦發、王家祥、鄭正煜、洪田浚、王淑英夫婦、郭瑞坤教授等人。

從一九九二年衛武營公園促進會成立後，其他關心大高雄環境生態的團體，如雨後春筍一個接一個成立。柴山自然公園促仕會也跟著成立，第一任會長是黃文龍醫師，隨後的「文化愛河」、「保護高屏溪綠色聯盟」、「溼地保護聯盟」陸續成立，其中的溼地保護聯盟會長是曾瀧永醫師，他是前任的高雄鳥會會長。

在這些團體成員中，醫師們成了綠色大家庭中的一份子。大家都很清楚只有團隊的合作才能把事情做好，因此平常除了關心自己團體的工作外，其他團體有事時，不請自來，主動結合成綠色陣營。沒有特定的事時，就回到自己的崗位。起初所有團體都沒有向政府立案，以地下組織的方式光明正大的存在，但是基於現實的考量，我才在一九九四年成立高雄市綠色協會，擔任首任會長，二年後交棒給王家祥，半年後又交棒給黃文龍醫師至今。

南方綠色運動的過程自一九九二年到現在只有五年多的光景，給予它什麼樣的評價和論定實在太早，不過也呈現了許多特色，這些特色是：

（一）傳承日據時代文化政治運動中的醫生角色，南方綠色團體的成員中醫生占有很高的比例。

（二）緊密結合環境保護與生態保育的實踐運動。

（三）是南方知識分子的土地文化覺醒運動。

（四）組織運作方式既自由又靈活，很少權力的爭執，不直接參與選舉。

（五）成員大都有寫作和演講能力。

（六）新的城鄉人民運動。

我認為台中的阿米巴醫師群已經累積了綠色運動參與的能量，應給予深深的期許，至於全國其他地方的醫師，對綠色運動的參與，可能只是個案，而非團體的運作，我沒有更詳細的資料向大家介紹。

日據時代的醫生，不論是議會請願運動，文化協會和民眾黨和文學運動都扮演了相當重要的角色，戰後的醫師卻失去了這些社會功能。除了社會條件的改變外，個人價值觀、生命觀及歷史感也可能是重要的因素。

環境生態工作者除了關心人的生存情境外，更應關心生界的命運。醫師是否能抱持眾生一體、同體大悲的精神，在二十一世紀的地球及人類面臨重病時，共同參與醫療人及土地和生界的任務，實踐未來世界的新倫理，成為生界的醫師。醫師如果只能醫治人類，可能無法挽救地球及人類的命運。

一九九八年・七・三〇

先知與真理

——先知對後覺說

不要讓無知敗壞你們的心

使你們充滿狹隘的台灣之愛

政治與水庫的戰爭

自從蕭萬長院長宣佈一年內將興建美濃水庫後，高雄市長吳敦義也隨即跟進表態。吳市長的理由是到二○○六年後高雄人將沒有水喝，以高雄人生存的無限上綱向美濃人曉以大義，終於引爆高雄水資源戰爭的第一顆炸彈。

六年前我們就已指出南部水資源戰爭隨時會引爆，果不其然，就選擇在濱南環評案的前夕。

在這場充滿政治意味的水戰爭背後，有些問題值得我們再度回顧或全面省思：

一、吳市長說到二○○六年高雄人就沒有水喝，根據水資局的水資源政策白皮書指出到二○一一年大高雄每日用水量將爲二百二十六萬噸，比目前增加七十萬噸，而不久即將完工的大樹攔河堰加上南化水庫卻可增加八十萬噸水，適時補上，可用到二○一一年之前，而不是二○○六年，那麼到底是水資局或水利處還是吳市長說謊？

二、就國家或地方的發展觀點來看，應嚴肅評估自然資源與發展之間的平衡關係。一種自然資源只夠我們用一百年，絕不可十年內用掉，如果一個政府存有無限制發展的利潤觀點，那只有急速耗竭資源，斷絕後代子孫使用資源的權利。對於高屏溪的水資源也應做這種思考，試想一個濱南用水抵過所有南部工業區開發案的用水，眞是匪夷所思。像這種竭澤而魚的政經思想所造成的後果該由誰負責？誠如吳市長所言，歷史會告訴人民。但錯誤的歷史已經鑄成，吳市長要大家循著這條錯誤的歷史之路向前行，最後會走向何方？

三、就政府對河川管理與整治的責任而言，我們的政府與其他文明國家如日本、美國相比，根本是個失職的政府。省政府七百億整治高屏溪跳票，中央無法成立流域管理局，甚至南部管理中心及河川警察都辦不成，這些政治責任該由誰負責，貴爲國民黨中常委，吃喝高屏溪河水的吳市長責無旁貸，吳市長曾爲河川講過什麼話？

四、就水資源的永續利用而言，水資源開發包括整治河川、轉換農業用水、海水淡化、設立人工湖補助地下水、越域引水及蓋水庫，再加上全面厲行節約用水及反應水價等方法。歐美國家以地下水補助法做爲飲用水的成功案例比比皆是，像荷蘭的EWW公司平均日出水量二十七萬噸，PWN公司日出水量二十萬噸，加州聖安納荷公司年地下水年補助量可達三億七千萬噸，這就是所謂百里埤塘的效益，這些國家的成功案例可做爲我們的借鏡，吳市長顯然不了解國際河川整治先進科技。另外，南高雄農業用水量佔所有用水的百分之七十，未來必將因農地轉用而減少，如能轉換農業用水百分之十，則可加民生及工業用水每天八十萬噸，約爲全高雄市一百四十萬人每天用水量的二倍。昨天吳市長聲明反對越域引水卻又贊成水庫，他可能不知道蓋水庫比越域引水將對生態與文化造成嚴重的破壞。

五、就水庫的成本與壽命而言，牡丹水庫每噸水的價錢是四十元，項估美濃水庫的造價是二十五至三十元，如果加上生態、文化及抗爭社會成本一併計算將達三十五元，已逼近海水淡化每噸四十元的界限。而吳市長一直以翡翠水庫爲傲，他可能不知道南部水庫只有五十年壽命。開發單位以海水淡化提供部分供水也是種可行的辦法，他們必須自行負責，不要一味用政商官關係要求政府以每噸二點五元的賤價圖利自己。況且水庫會嚴重影響中下游地表水及地下水水資源的抽用，這個成本也不可忽視。

大自然賜給南方海洋高山河流平原與農用田，避開了沙漠化的命運，但如果拚命蓋水庫，大自然只好讓南方回歸本來的面目，成爲草木不生、花不開、鳥飛絕的旱地。

吳市長口口聲聲以人民的生存權作爲興建水庫的訴求，但省政整治計劃跳票他都不吭一聲；屏東縣地下水每年超抽十億噸，縣民只有百分之三十用自來水，他也不關心；高屏兩縣辛苦合作取締違法，他也作壁上觀。但是當濱南案環評前夕，卻疾呼非蓋水庫不可，因爲十年後濱南用水每年需三十二萬噸，正好美濃水庫蓋好，這個政治表態在時間上異常巧妙，也引人遐思。連水資源局長徐享崑都承認美濃水庫將提供濱南用水，吳市長是否敢保證水庫不爲濱南而是要給人民喝。

這是一場政治與水庫的戰爭。推動這個骨牌效應的是濱南開發案。建水庫不是單一的水資源利用方法，而且會引發全台客家人對國民黨政府的對抗，因此我呼籲大家冷靜下來考量前面幾個課題，但先決條件是拿掉骨牌惡性效應的濱南開發案，從現在到二〇一一年還有十三年的時間，大家來共同來思考現在及未來的生存權。我們不希望把破敗不堪的未來，交接給我們的後代子孫，讓歷史指出我們的自私與殘酷。

一九九八年・四・二十四

眼鏡公司
保護眼睛
請先關心您的眼鏡

土地刑場

消失的先後秩序登錄在刑場

荒野疏林沼澤濕地
平埔阿嬤父母兒女
河川溪流鱸鰻魚蟹蝦
田雞青蛙螢火蟲蚯蚓
野兔田鼠蛇鷺鷥

農藥化肥鋪成的地表
長出水泥樹柏油路和工廠

農民消失後
土地也失去了慈悲

摘自《台灣男人的心事》

輯四 用詩心寫鄉愁

吃白鷺鷥的人

自由自在地逍遙了千百年
台灣的白鷺鷥
是唯一不怕人的野鳥

污染的田水
猛烈的農藥
滅絕不了牠們的族類
仍然繁衍出純色的雛鳥
仍然堅持
白色的獨立姿態
陪伴這兒的田野和人民

然而，不幸的日子來了
當人們吃光了花鹿和帝雉
吃膩了蛇鼠和野兔

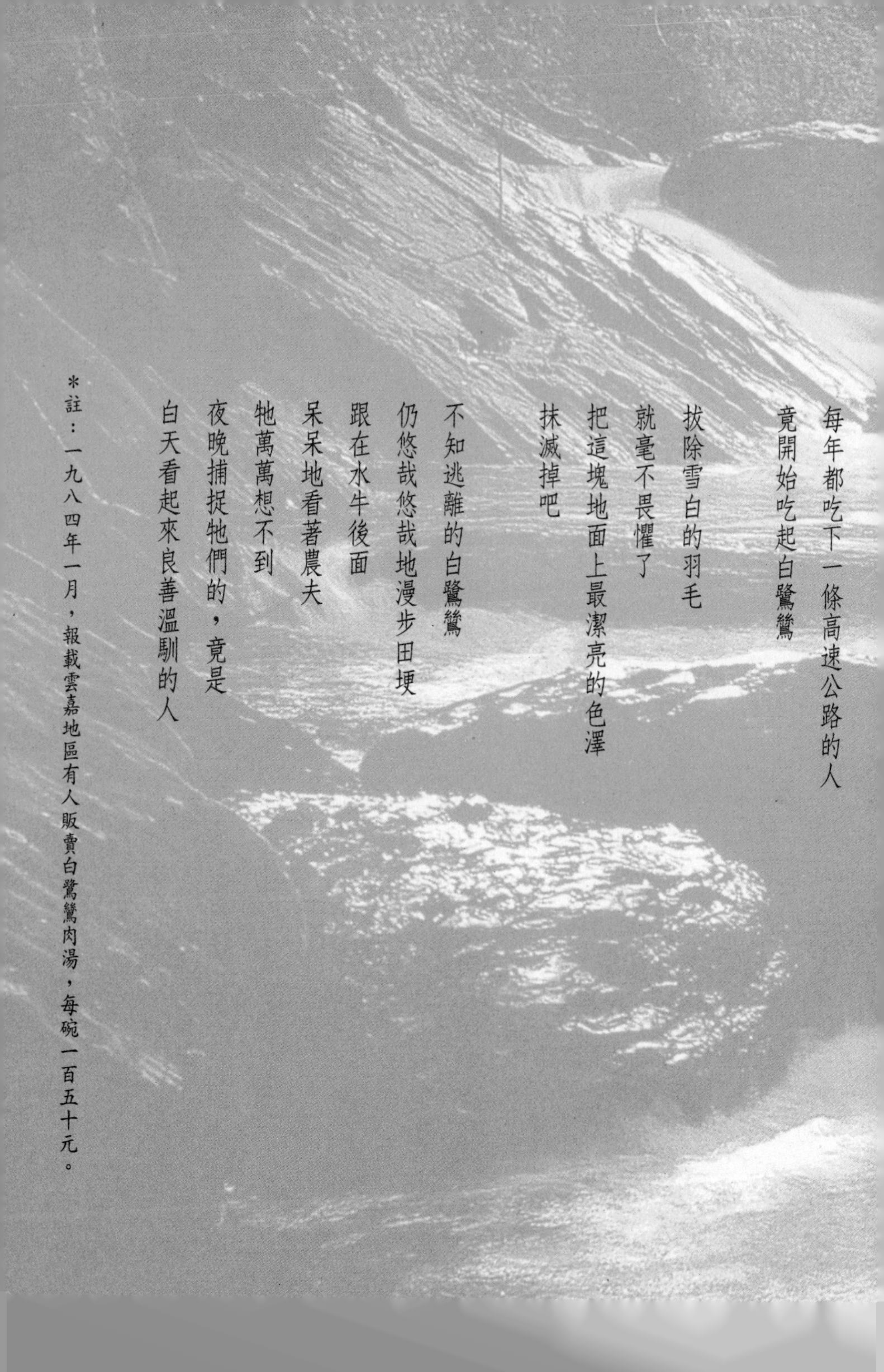

每年都吃下一條高速公路的人
竟開始吃起白鷺鷥

拔除雪白的羽毛
就毫不畏懼了
把這塊地面上最潔亮的色澤
抹滅掉吧

不知逃離的白鷺鷥
仍悠哉悠哉地漫步田埂
跟在水牛後面
呆呆地看著農夫
牠萬萬想不到
夜晚捕捉牠們的，竟是
白天看起來良善溫馴的人

＊註：一九八四年一月，報載雲嘉地區有人販賣白鷺鷥肉湯，每碗一百五十元。

潰爛之花

蘋果與地表

黃昏逐漸逼近K市
夕暮穿透高樓的玻璃幕帷
水泥城內的穴居人尋回穴巢

窗邊一隻削蘋果的手
以鋒利的刀刃
旋轉蘋果
一片一片的切剝果皮

刀片切入台灣的時候
卡卡響著
一百多年像是幾秒鐘

果皮快速削落
果肉幾近裸裎
許多張大的巨口
猛力的咬碎果肉

生命的源流

北迴歸線圍繞著地球，繞成一條苦難帶，它穿過台灣玉山腳下，將南台灣曬成熱帶圈。被海洋隔離的澎湖無法掙脫命定的鎖鏈而乾成沙漠島，成天渴著要水喝。幸運的台灣，經過地史上第三世紀中晚期的喜馬拉雅山造山運動，數次與中國大陸分分合合的冰河現象，使台灣聳立了無數孤傲的高山生態島。

經由海洋蒸發的水氣，纏繞著山水的霧林帶，化成雨水，滋潤山上山下的生界。四千多種植物自山頂的寒帶區一路向下，覆蓋在溫帶、亞熱帶及熱帶的地表上。雨水又透入泥土和根葉的血脈中，慢慢的釋放給平原的河流，河流穿向海洋，回到母親的懷抱。

一八五八年左右的英人史溫侯和一九二〇年左右的早田文藏，以他們的心手和血汗紀錄下這片土地上生界的美麗與豐富的樣貌。

海洋、雲、高山、森林、河流與土地，輪迴著美麗島不死的生命。

馬卡道族踏血夜奔

一五六三，「中國海盜林道乾亂，遁入台灣，都督俞大猷追之。……道乾既屋台灣，從是數百人，以兵劫土番，役之若奴。」

——連橫．台灣通史

火槍朝打狗山的海岸猛轟，打狗山西拉雅馬卡道平埔族人第一次見到世界上竟有這麼強大的殺人武器。族人忙著搶救傷患，躲入叢林，並用刺竹構築防禦工事。但是，怎麼抵擋海盜林道乾的火器和邪惡的燒殺之心。

許多男女老幼倒臥在柴山的樹林步道和海岸邊。海盜們強暴婦女，捉拿族人當奴工，又將族人的血液混合泥灰，塗滿船身，用以避邪！

打狗山海岸的巨波白濤捶擊著珊瑚礁，四週盡是沼澤、淺湖和紅樹林悲憤的控訴，激起苦難的和聲。

平埔人幾千年來大自然和諧共生的命運鎖鏈被中國海盜沾血切斷。

經過數月的秘密討論，善良單純的自然人決定在某個夜晚襲擊林道乾。族人都到齊了，男男女女分成幾隊，藏在樹林內等待夕陽從西方逐漸掉落海面，溫暖的血色映灑整座打狗山家園的樹木。

當太陽把臉埋入海中，馬卡道族人才發覺中國海盜已經探知他們的計劃。族人的血液和碎肉從臉孔、胸腔、腹部以及四肢噴裂而出。射遍山上的稜果榕、九芎和血桐等葉片樹根。

台灣圓臉獼猴驚慌地四處驚叫逃竄，夜鳥哀飛。另一段隔天，陽光再度照射打狗山家園時，平埔人已連夜逃往阿猴。族人們回望著成群的梅花鹿、滿山的獼猴、葉叢中跳躍的畫眉和綠繡眼、黃昏時飛翔成河道的蝴蝶、壯麗的海洋和廣大的沼澤。這一切將映入記憶的迴流中，他們沿途滴下淚水，離開祖先們育養的地方。

原本屬馬卡道族的美麗山海被中國海盜的火槍炸成血海，染紅了南台灣最初的血印。往後到來的清兵、閩粵移民、荷蘭人、鄭氏兵馬、日本人和華人戰難，依循著愈走愈寬的血路一步一步的清除沼澤、紅樹林、林投、樟樹、天空和河流。

原住民充滿血淚的衰敗史不也正映照著台灣山林生態的浩劫史嗎？

失去臉孔的鄉土

我與錦發走在高雄市三十米的街道旁，人行道被摩托車佔滿。三十米的道路兩旁許多永久暫停的車子使路寬縮成十幾米。行道樹的葉面吸滿灰塵，只有一些新芽閃著綠光。

「台灣小說家很少細膩地描寫場景以及場景印射在心靈上的景致。」

「有啊！像鍾理和和李喬等人都有。」

「鍾理和的笠山農場是異數。」

「沒有錯，這部作品把美濃山野的四季變化，以及河流樹木寫得那麼靈秀細緻。它可說是一部代表性的台灣山林文學。」

「像他那麼瞭解山林的作家不多吧？」

「太少了，陳冠學也是一個異數。」

「那麼其他作家呢？」

「大部分是以人為主軸而發展的故事情節，好像這些場景發生在台灣其他地方也可以。沒有大地域或小地域的特色。」

「你的作品不也一樣，只在寫到故鄉的茎濃溪時，感情才像流水般湧出來。其他作品，沒有土地風味的深度感受。」

「我承認。這好像是台灣作家的通病。最嚴重的應該是台北的外省籍作家。」

「你經常去日本，走了兩次伊豆半島，感想如何？」

「每走一次川端的伊豆舞孃之旅，心中就沸騰不已。」

「他們在伊豆為川端文學留下了什麼？」

「基本上，川端是他們的現代藝術之神，更重要的是，他們懂得為土地尋找意義。」

「什麼意義？」

「在文化與藝術的發展進程中，土地是相當重要的場景與接點。他們在伊豆半島利用川端文學把土地的價值和藝術的價值結合起來。我走伊豆，看到舞孃們住的湯之島旅館，舞孃的旅線和小說中的其他場景。」

「是不是與歷史的意義也結合了。」

「當然，在時間的軸線上，文化必須與歷史的軸線會合，文化才能深植在不曾停留下來的歷史場景中。」

「我們的政府和文學工作者很少替土地留下文學的記錄。」

「我也同意，土地被破壞得太快。毀滅性的開發摧毀了在土地上登場過的歷史與文化記錄。而且作家沒有企圖以文學留下土地歷史的自覺。」

「爲什麼呢？」

「有些人可能認爲故事的場景太醜陋。有些人可能認爲場景不具意義。」

「那麼就是有人故意輕蔑台灣的場景，有人羞於觸及破敗及反美學的空間結構。」

「大概是吧！」

作家放棄或羞恥於替土地的面貌留記錄，這是相互間的悲哀。

我與發仔一面走在塡滿水泥高樓陰影的高雄市街道，一面繼續談著。

錦發把開走的車子掉回頭，搖下車窗，突然正經的向我說：「我們的課本根本就沒有台灣的鄉土山河！」

解嚴花

一九八七年七月十四日，台灣被宣布解嚴。

解嚴後仍有一群群示威群眾手持鮮花和木桿與紙製成的假樹，沿著城市的街道高喊：

改造萬年國會

解除黑名單

總統普選

進入聯合國

島上的人民被禁錮了四十多年的埋怨與希望在大街小巷中釋放出來。

我夾雜在示威群眾中，尋找我們的朋友們。怎麼沒有看見祂們呢？我問了許多參與者，沒有人看到祂們。

「你的朋友究竟是誰？」

「祂們是森林

祂們是河流

祂們是海洋、天空和人以外的生命。」

沒有聽見森林說話

沒有聽見河流說話

沒有聽見海洋說話
沒有聽見人以外的生命說話
祂們不懂示威遊行，祂們沒有自台灣的法源和人們的心靈解嚴。
在一次反興建瑪家水庫的公聽會中，魯凱族好茶村村長拉馬啃說：
「我們住過的土地、高山、石板屋都是老祖宗留給我們的最美好的東西，我們歡欣的接受。我們已學得與大自然相處的哲學，我們認為魯凱文化是世界寶貴的文化資產，我們絕不離開好茶。」
解嚴後，春天來過幾次，悲慈的花朵會在這片土地和人們心中重新毫無恐懼的綻放嗎？

備註：打狗原為高雄舊名，本是平埔西拉雅馬卡道族的刺竹之意。
埋怨：河洛音同台灣。

高屏溪鴨群

天未荒，地已老

南台灣的土地近十年來以痛苦的病體顯示出島國生態環境的悲訊。屏東佳冬的地層下陷近三公尺，國土退縮、鹽化及下陷，抽出的地下水以碳十四分析發現是祖先留下來的萬年水精。

高屏大橋橋墩裸露七公尺，高屏溪垃圾長城蔚爲天下河川第一景，土地的原貌及歷史記憶幾近消失了。

地球環繞太陽旋轉，陽光穿透大氣層提供地球生命能量。而地球上空大氣層像封阻體使地球成爲一個半密閉的空間，這個空間已經愈來愈像脆弱而敏感的容器，任何地方的生態環境變遷或破壞都會撞擊到容器的各個角落。

地球大約在三十五億年前出現生命，如果從三十五億年開始算到今天是地球的一整年，那麼人類是在十二月三十一日晚上九點出現，而工業革命是一年的最近兩秒內的事。

由人類發動的工業革命改變了地球、生物及人的精神內外面貌，工業革命初期的希望與自信，現在都變成了人類本身還無解決的危機意識。到目前爲止，我們還沒有找出辦法能有效而永續的解決人口與糧食問題、能源危機、森林物種的消失、廢氣廢水及廢棄物對大氣層海洋及地表的傷害。但人類仍盲目埋首發展經濟、開發土地，而內心卻充滿了對未來的憂患感傷。

宇宙銀河星系目前仍在繼續擴展。回看太陽系中的生命小行星地球卻已那麼衰老。

爲何斯球獨憔悴？

眞是天未荒，地已老。

一九九二年・六・十二　民眾日報

流動的現實與記憶

初秋的禮拜天下午，一群關心河流的朋友們相約去看東港溪。

我們租了塑膠筏，從萬巒的隴東橋順河而下。東港溪的護岸大都是土堤，整個河流仍保有自然荒野的台灣河川意象。

筏走河轉，曲折扭彎，時淺時深的河道旁，長滿了五節芒、野牽牛、構樹等野生植物，全程只看到一叢竹。竹子原來是台灣河川的優勢河樹，現在已從平原慢慢消失。這些野生植物在秋風中舉頭靜靜的搖看河流。

塑膠筏前進時，時時驚起草樹叢中或沙地上的東方環頸??、栗子鷺、白鶺鴒、紅冠小雞等河鳥，鳴叫著飛離人群。河中的魚偶爾在筏邊濺起水花和浪紋。

這條河流接納了三十萬人口的家庭污水、八十萬頭豬、六十萬隻鴨、三百多家工廠的廢水和八個鄉鎮的垃圾，特別是竹田鄉的垃圾小丘。

自隴東橋往下，水色由清轉濁，偶爾可聞到被拋棄在河上的豬屍臭味，河流的水質與生態已面臨了危機的警訊。

許多沿岸的居民，在濁色的河上垂釣、捕魚和捉蚌，也有小朋友和情侶在河邊散步。這些人民正習慣並適應與污濁共生，他們還能計較水的清澈和甜美嗎？他們的親水活動中，已經接受河川流動的現實。

一條在西南平原上仍算美麗的河流，會不會成爲一幅流動的悲傷大地的記憶？

河流終將成為記憶

流動的河流是大地讚美自然與生命時湧唱出來的詩歌。

台灣有許多河流深情的低吟新舊生命的更新與輪迴，孕育高山與平原的歷史、文化及各族群的光輝。

西部平原因爲有網路細密交錯匯集的河流，才能成爲自大坌坑文化以來台灣土地上人類活動的中心場域。

如果沒有了河流，人們仍然能活下去，但卻會變得毫無情意。

台灣的河流在短短的三十年內，將面臨長達億年壽命的臨終時刻，這是台灣土地歷史上最大的災難，也是生存的孽緣，許多河流在不久的將來將無法回到大海的懷抱，成爲斷河。

現代人只要水不要河流，他們將不愛的留給河流抛給河川，然後以水利工程技術建堤防隔絕人河關係，建水壩和攔河堰截斷回到大海老家的路，用越域引水抽乾河水，滿足人類需水的慾求，很少人盡心盡力去整治復原河流，以免重蹈中東沙漠化的終極命運。

治療和呵護重病的河川只有一條路，那就是河禁。

在十年至二十年內儘可能禁止人類進入河川，禁止任何侵犯河流的行爲，建造衛生下水道，編組河川警察，建立控制污染的追查網路和人力系統，把砂石採集權收回國營，廣建溼地湖泊補注地下水，讓河流休養生息恢復健康。

不然，河流終將成爲台灣人的記憶、被遺忘的大地之歌。

一九九七年・十一・十四

葉落的方法

樹是地球上對其他物種最無害又有益的生命。

每天上班都要開車經過高雄市府前的四維大道。深秋漫出，初冬寒進，四維路上空高約四公尺的吉貝棉牽著手，等待明年雨季來臨時圍成綠色隧道。樹上的葉片綠黃共襯，有些黃葉正飄向路面。

吉貝棉的外圍，慢車道旁的住商家前，樟樹仍然一片青綠，我們說那是長綠樹。

其實，任何樹都會落葉，只是葉落的方法不同。植物因爲沒有排泄器官，無法將光合作用產生的廢物排出，這些廢物在葉片內堆聚到晚秋，將細胞內的葉綠素擠壞，更爲了防止水份蒸發，危害樹株的生理或生命，一大片樹葉便呈現了枯萎前的胡蘿蔔色，然後掉落。變葉的色相卻被人誤解詠嘆爲風雅美麗的秋紅。而常綠樹的葉子不隨秋黃冬去，整年都有老舊的葉片飄離，新的葉芽長出。

不論是常綠或變葉樹，它們知道何時割捨枯黃的部份生命，換上新枝芽，隨自然的生理時序，讓生命更生，這個律則在地球上已進行了四億年的光陰。

人類的文明在近萬年的進程中，有沒有落葉的機轉？歷史卻遺憾的指出人造社會體系往往違背自然強勢逆向發展，使社會排泄器官失盡，廢棄物的殘贅充滿社會，卻無法在深秋時抖盡殘贅。台灣人民大概很少眞誠的思考面對這個葉落的「小」問題吧！

一九九五年．十二．六

美濃的台灣文學步道

每次去美濃，帶回來的總是純美濃郁的鄉土之情。

車子快到美濃時，恍忽聽到鍾理和的文學靈魂在家鄉的山丘上低吟著：「行上行下，毋當美濃山下。」

當車子進入美濃，車窗左邊流動的綠色山脈像母親般呵護著人們進入祂的懷抱，山景的眼色充滿柔慈與關注。

一九九六年夏天，我發表「從盛岡到美濃」，談到日本盛岡市如何讓悲情浪子石川啄木的詩魂復活整個城市，而台灣的文學瑰寶鍾理和卻被監禁在紀念館，沒有將他的文學播灑在孕育他的土地與人民心中。

一九九六年秋，高雄縣長余政憲回應我的想法，組成台灣文學步道工作小組，包括葉石濤、陳千武、鍾鐵民、鄭炯明、吳錦發、彭瑞金等人，共同商議並催生全國第一座台灣文學步道，地點就選擇在鍾理和紀念館附近。大家推選了從郁永河、沈光文到鍾理和、鍾肇政等三十多位作家，我們期望作家的作品融入客家原鄉瀰濃景色中，綻放文學的光彩。也希望遊人靜靜的走入文學園區，感受台灣文學家們靈魂深處的悸動，傾聽台灣文學心靈唱出的哀怨、讚嘆與希望。

台灣文學步道

花園的信仰

去年秋天，我們建構了一個花園。

高雄信義醫院的舊教堂，因都市計畫防火巷的開闢，怪手伸縮幾下就消失了。醫院員工們在感傷之餘，孵出了新夢，決定把一百多坪的空間變成花園。經過三個多月，花園完成了，取名爲「詩篇花園」。佔地只有七百多坪的小醫院，願意將這塊地改建成花園，是城市土地上的另一種信仰吧！

今年秋天，花園內那棵二百多歲的茄苳已經長滿綠葉，園中的桂花、含笑和樹蘭隨秋風送香。台灣欒樹的黃花在秋末變身爲粉褐色的果實。花園中由奇石砌成的水景，幾條小水瀑從石隙間流向閒游著金魚的水池，旁邊有個心形的玫瑰園，園內還豎列了三位醫師詩人的詩。花園完成後，許多病人掛號前，會先去花園瀏覽，對面國小的學生放學後常在水池旁戲水。

台灣大醫院的前門和後院，如果有個五百坪的花園，相信病人走進醫院前，會感受到生命花朵的祝福。台灣城市的公共建築或大型住宅基地，如果能夠突破建蔽率的迷思，創造富有特色的花園，顛覆空間的唯利價值，這些城市會醜陋嗎？

讓我們繼續在城市中建造花園吧，園中江自得醫師的詩訴說著：「在這短暫的一生，我們得堅持存在的姿態，堅持我們生命中不可侵犯的，絕對的美麗與尊嚴。」

一九九八年・十・十九

附錄

- 台灣戰後的環境生態詩／曾貴海
- 再造詩故鄉／吳易澄
- 南台灣「綠色教父」曾貴海一生是環保義工／劉湘吟

台灣戰後的環境生態詩

曾貴海

一、前言

一九二四年謝春木（追風）發表了四首新詩〈詩的模倣〉在《台灣》雜誌，陳千武先生認為這四首詩的精神就是台灣現代詩最重要的四個精神原型。這些精神是反抗、批評、美與希望。①戰後世代的台灣詩人們背負著相同的歷史命運，面對更繁雜矛盾的現實情境，以準確的技巧和藝術手法，擴張了詩精神深度和廣度，成為七十年代鄉土文學論戰後台灣詩壇的主流。

台灣最具代表性的詩人白萩曾經向陳映眞講過：「你錯了，鄉土文學基礎的現實主義，早在一九六四年，在笠詩社剛成立時就已經很明顯地表達出來。」②不論是戰前代或戰後代的笠詩社同仁或其他詩社的本土詩人，他們承接了追風等人台灣文學的精神傳統，加上對於殘酷現實的體驗，繼續坎坷的文學之旅。因此台灣的現代詩不是橫的移植，也不是中國文學的末流或血親，而是根植於鄉土意識和現實精神傳統的產物，充滿明白而獨特的風格、自主的性格。

戰後世代的詩作，所表現出來的現實主義的精神比戰前世代的前輩們更爲強烈而直接。台灣的政治體制、人權狀況、文化變遷、經濟和環境生態，都成了作品的素材。而政治詩或其他充滿現實主義精神的作品，已經有不少相關的評論，唯有環境生態詩還沒有加以整理分析，本文收集戰後的環境生態詩，嘗試加以探討。

現實的精神必須根植於現實的事實，才不致流於虛幻，才能眞正的生根、開花、感動他人。那麼，台灣環境生態的現實面貌到底是怎麼樣呢？這個環境生態的現實在李敏勇的短論集《做爲一個台灣作家》有如下的剖析：「當溪流都成了死水……當人沈淪墜落失卻公理正義。詩人們，我工作的同僚，不要再玩弄美麗的詩屍……從我們腳踏的土地，眼前的死水現實裡，從事眞正的描繪……」。③這篇短論可以說是環境生態詩的精神宣言。

二、台灣三十年來環境生態的變遷

台灣自一九六〇年代以來，發展以出口導向擴大就業爲目標的工業化政策後，使全國人民的年平均所得達到六千美元，雖然給人民帶來了財富和現代化的某些好處；但是成長掛帥的政策，卻被奉行爲生存及社會發展的最高指標，這種盲信成長的結果，也犧牲了環境和生態的平衡。環境的成長和人口的壓力，使環境的負荷發生超載趨疲現象。空氣、水、土壤和森林及其他滋養生界的系統被破壞到超越白淨的能力，公害事件像烽火般的燃遍了整個Ilhas Formasa（美麗島）。

什麼是造成台灣環境污染問題的基本原因？依照於幼華教授的看法是（一）國家過去的發展政策（二）社會現今的價值導向（三）對生態資料的缺乏瞭解（四）對技科的盲信（五）國人生活習慣相關的弱點。④但是林俊義教授卻認爲命令式的政治體制才是最重要的原因；⑤也就是不民主的體制，封閉獨斷而又不重視環境生態評估的決策，應負最大的責任。

根據蕭新煌教授一九八六年的「台灣環境意識調查」，發現台灣環境問題的排行榜如下：（一）空氣污染（二）噪音（三）人口過多（四）水污染（五）農藥濫用（六）垃圾（七）自然資料的耗費（八）土壤的流失與破壞（九）核能廢料。前六名除人口過多外都是公害污染，後幾名則屬於生態保育的範疇。⑥

（一）空氣污染

台灣空氣品質的限制比其他國家還寬鬆，連菲律賓都不如。雖然空氣品質的標準寬鬆，但是台灣許多地區仍然經年累月籠罩在超越標準的惡劣空氣中。就以高雄市爲例，從一九七五到一九八七年間，二氧化硫的濃度在一九八三到一九八七是0.04ppm／年平均值以上而在0.05ppm／年平均值以下，其他年度則在0.05ppm／年平均值以上。一九八二年甚至高達0.11ppm 根據一九八七年環保署公佈的空氣品質資料顯示，台灣地區除了宜蘭和桃園外，台灣大部份地區都有二氧化硫的污染問題。另外台北市和高雄市的臭氧及氮氧化物的濃度也超過標準，台北市的臭氧濃度最高竟達337ppb（標準爲120ppb）。整而言之，空氣污染在台灣是無所不在的問題，台灣空氣污染比美日兩國嚴重五到十倍左右。⑦空氣污染造成的公害糾紛則有高雄後勁、小港大林埔、新竹李長榮化工廠、台南灣裏的廢五金燃燒區、台化彰化廠、林園工業區等等。

（二）水污染

台灣水污染的程度比空氣污染還嚴重，全省的河川已無一條清流，統統都是濁水流，多數河川的生物溶氧量已達零點，西海岸下流的養殖業自一九六九年開始經常發生大量魚貝類暴斃的現象。水污染的最大根源是工業污水，有廿八處設有污水處理廠；其中只有七家的污水處理廠合格。⑧另外，農藥及化肥的濫用隨著排水道及雨水滲入地下注入河川。以上種種污染使水質惡化，水中含有超量的重金屬及致癌物質亞硝酸鹽等等有毒物質。公害事件則有李長榮的水源污染、台中大里的三晃農藥廠事件、西海洋河口綠牡蠣事件等。水污染已嚴重到河川無法復活的地步。

㈢海洋污染

海洋污染的污染源與陸地河川的污染源大都相同，台灣海洋污染中又多了一項核電廠的海域污染。海洋污染中以西海洋最嚴重，迫使養殖業日益困難，近海漁獲量逐年遞減，魚貝類含有高濃度重金屬，威脅國民健康。根據農委會一項「台灣沿海養殖區水質調查」顯示，鋅濃度在全省養殖區皆超出標準。除了花東沿海外，銅、汞、鉛鋅已嚴重污染西南海岸，最嚴重的地點是位在廢五金區的二仁溪出口，重金屬污染已超過標準十倍左右。⑨另外核電廠排放高達三十八度的高溫廢水，已破壞了美麗的南灣珊瑚及海洋生態資源。

㈣土壤污染和農藥化肥的污染

台灣目前使用的農藥已在三百種左右，以單位面積的應用量來講，是世界中最高的國家，每人每年平均二公斤以上，遙遙領先各國五倍之多。⑩農藥及化肥的使用是土壤污染最重要的因素，化肥和農藥可使土質變鹼，影響土壤更新作用，降低土壤生產機能。農藥還可經過食物鏈的累積作用危害人體，浸入地下水污染河川和海洋。另外工廠的廢水和毒氣也可造成農地的廢耕和減量。

（五）森林濫伐

台灣自然資源的破壞行爲中，以森林的濫伐盜伐最爲慘烈。依據「搶救森林行動委員會」的估計，台灣森林在政府的許可下已被砍掉四千三百六十五萬立方公尺，用車長十公尺的車子搬運，全長可達三萬公里，目前全島直徑一百四十公分以上的林木僅佔台灣所有森林的萬分之三以下，而且都在兩千五百公尺以上高山上，這是多麼令人怵目驚心的數據。賴春標經兩年半時間奔走攀爬各高山林地，提出下列幾點可怕的警訊和事實⑪（一）中部的丹大林區、東部的木瓜林區、北部的大雪山林場和南部的玉山林區，對標高二千五百公尺以上，平均坡度卅五度以上，高山箭竹山地及岩石林等禁伐區的原生林木，有僞造標高坡度而被標售砍伐的事實（二）丹大林區、巒大林區、花蓮林田山事業區發現官商勾結大盜林木而被起訴的案件（三）在丹大林區檜林伐後區，大肆開山種植高冷蔬菜（四）連根拔起的盜林伐木使山土流失。這些事實顯示台灣高山森林資源生態已受到嚴重破壞，並造成一九五九年後，大大小小的水災，使社會付出巨大的代價。

（六）核電危機

台灣目前共有三座核電廠，六個機組在運轉，核能發電佔台電發電裝置容量百分之三十，從一九八二到一九八八共發生了十八次大大小小的異常事件，包括工作人員的放射污染傷害、失火及海域污染等等。⑫台電目前的發電容量約爲一千六百萬瓦，尖峰用電爲一千三百萬瓦，對節約用電及小規模水力發電、太陽能發電等措施，台電不但不積極宣導，還利用媒體鼓勵用電，企圖造成電力不足的危機，以圖擴建核四廠。台灣是目前單位面積最多核電廠的國家，但地狹人稠，一次類似車諾比爾的核災變，就可毀滅台灣的生機。至於核廢料處理和核安問題，都是台灣社會的隱憂。

以上是台灣環境污染及公害的回顧和陳述，至於生態保育方面，台灣許多動植物面臨了絕種的危機。台灣一百二十多種的鳥類中，水雉、熊鷹、黃鸝鳥、帝雉等面臨絕種。藍鵲、喜鵲、八色鳥等數量已十分稀少。台灣有哺乳動物六十多種，其中雲豹，野生花鹿已消失，黑熊、山獺、白鼻心、菓子狸和穿山甲也即將滅種。另有二十五種植物也將消失。造成動植物消失滅種的因素是漫無節制的開發資源，大量破壞動植物的棲居地，再加上濫捕濫殺和土地污染，這些動植物的消失，也預警人類可能遭受相同的命運。

自一九六〇年到現在，台灣共發生了一百多件公害糾紛和自力救濟行爲，光是高雄市縣就佔了三十多件。面對這麼惡劣的環境，人民抱持著什麼樣的態度？一九八五年聯合報對台北地區民眾作了一份環境污染的問卷調查，結果百分之五十的人認爲經濟發展是環境污染的原因，卻有百分之七十的人認爲民眾自己要負責任。另外的調查也顯示人民多數贊成建五輕石化廠及核電廠，但只有百分之二十的人願住在附近，從這些調查，我可以看清台灣人民對環境生態的認知和社會責任的觀念如何了。⑪

台灣的環境保護，除了官方的環保署外，目前有許多全國性的團體和地方性的團體，成立於一九八二年的中華民國自然保育協會，發行的《大自然月刊》對自然生態的知識和教育上有其功能。夏潮和新環境雜誌在一九七〇年代扮演了某些啓蒙的角色。一九八五年台灣第一個自發性的反公害團體——台中縣公害防治協會成立，以後陸續成立了反杜邦、反李長榮及反五輕等團體、而具有全國性整合力量的當推成立於一九八七年十一月的台灣環保聯盟，及成立於一九八九年一月的綠色和平組織。這些團體相互支援串聯，對台灣環保運動實產生了前所未有的貢獻。⑭

三、戰後台灣的環境生態詩

面對台灣的環境生態現實，文學工作者觸及這方面的創作以散文、報導、隨筆最多，其次是詩，最少的是小說。七等生在一九八三年寫了一篇短篇小說「垃圾」，宋澤萊則於一九八五年出版了一本廣義的政治與環境生態長篇小說《廢墟台灣》。散文和報導文學方面，除了台灣最卓越的公害記者楊憲宏外，女作家馬以工、心岱、洪素麗和韓韓，自一九八〇年代後，寫了一些優秀的生態保育及環保散文。鳥人劉克襄則是有生態散文作品的男作家。

詩創作方面，作品的量和涵蓋面雖不如散文那麼大，但是詩人表達出來的強烈批評精神，和女散文作家充滿「美麗與哀愁」的作品相輔相成，構成一個完整的台灣環境生態文學的骨肉與精神。

詩作品的題材以空氣污染、水及海洋污染、核電危機及動植物生態保育最多，為了方便詩論起見，筆者把相同題材的作品歸類並加以分析。

（一）空氣污染的作品

作者	作品	詩集或發表園地（出版社）
李敏勇	烟囪（一九八四） 迷霧（一九八四）	戒嚴風景（笠詩社）
林雙不	台灣的仇敵（一九八四）	台灣新樂府（台灣文藝）
曾貴海	烟囪的自由（一九八四）	高雄詩抄（笠詩社）
莫渝	沒有鳥的天空（一九七二） 烟囪樹（一九七二）	土地的戀歌（笠詩社）
洪素麗	港都來的信（一九八四）	盛夏的南台灣（前衛）

李敏勇以〈迷霧〉這首詩，描繪沈淪在迷霧中的首都台地。

迷霧
是污染的化身
……

它孤立我們
阻擋全部視線
使我們喪失了天空
……
使我們的肉體
失去純潔
使我們的心敗壞

台北市的霧不只是因爲臭氧、氮氧化物、二氧化硫和懸浮微料組成的污染煙霧，李敏勇這首詩還暗喻台北已成爲人間生存的霧都，擴大了詩的意象和想像的空間。

林雙不的〈台灣的仇敵〉強烈鮮明，一如他的小說。作者搭車南下，睜眼看到和聞到台灣天空的仇敵，那無所不在的空氣污染公害。

車過新竹
不要呼吸

車過彰化
不要呼吸
車過台南
不要呼吸
……
台灣啊我美麗的台灣
都在臭氣裡
……
究竟是誰
縱容臭氣
究竟誰是
台灣的仇敵

林雙不強烈的批判精神，在這首詩裡表現無遺，令人震撼。曾貴海的〈煙囪的自由〉和洪素麗的〈港都來的信〉則是反抗批評高雄市長年累月的工業污染。

幾十年來
居民們日夜不停的望天
怒視
污塵蔽日的高雄
最最自由的煙囪
（煙囪的自由）

半夜裡一整區人全部昏厥倒地
無處可逃的
工業城市的廢墟
（港都來的信）

莫渝的兩首詩是最早的公害詩，他對工廠及工業污染的敏感比別人早上十年。

（二）水和海洋污染的作品

作者	作品	詩集或發表園地（出版社）
李敏勇	溪流（一九八四） 溪流心影（一九八八）	戒嚴風景（笠詩社）
劉克襄	大肚溪口（一九八五）	漂鳥的故鄉（前衛）
黃樹根	愛河相思曲（一九八六） 澄清湖悲歌（一九八五）	獨裁者最後的抉擇（春暉）
洪素麗	港都行（一九八三）	盛夏的南台灣
曾貴海	愛河（一九八二）	高雄詩抄
李勤岸	苦怨溪（一九八三）	唯情是岸（春風）
向陽	走過我們的海岸（一九八五）	歲月（大地）

李敏勇的〈溪流〉簡潔有力的刻劃出溪流的敗像。

不再有
嗚咽與歌唱
……

乾涸與死寂的意象
映照白日愴痛
腐敗與破滅的象徵
掩飾黑夜的憂傷

劉克襄的〈大肚溪口〉則以鳥類和人類生態的角度，幽幽地低吟大肚溪口滄桑，預言環境破壞的夢魘。

原先適合鳥，現在適合人群
將來什麼也不能棲息
…………
水田地帶棲息著一萬隻田鷸
翅膀沾滿著油污
無力飛行
…………

遠方座落十幾間空屋
貓和狗躑躅路上
一個綁頭巾的老嫗在餵雞
許久許久沒有看過陌生旅客

黃樹根的〈愛河相思曲〉一百六十行，從愛河昔日的風光和人文景象變遷到日前的「臭水溝」，傾瀉著流不斷的悲鳴：

光屁股，流鼻涕的童年也
盡情享受那一份濃濃的親情溫馨
…………
愛河，我們一投入
愛的基因

但是在「歲月不知不覺的侵蝕下」，「污染緊接著來」，「污黑的黑潮猶如河岸上日漸混濁的政治氣息已溶成污染的一體」，「泣訴著她無奈的悲鳴」。

洪素麗的〈港都行〉和黃樹根的作品，無論在取材和技巧表現上都類似。而曾貴海的〈愛河〉則淡淡的訴說「從清白　變成不清白　從幽香　變成體臭　把不愛的都流給妳」的愁緒。

李勤岸的〈苦怨溪〉寫出了由許願（台語）到苦怨的河川命運。向陽以東海岸行腳寫的〈走過我們的海岸〉，是一首兼具生態和環境控訴的田園風味作品。

（三）核電污染與核安危機的作品

作者	作品	詩集或發表園地（出版社）
施努來（夏曼・藍波安、夏曼・奇那卡爾）	雅美媽媽的心（一九八七）	民眾日報
	雅美心語（？）	不詳待查
	飛魚的話（一九八六）	中國時報
	夢想飛魚的悲哀（一九八七）	不詳待查
李敏勇	故鄉（一九八八） 風景（一九八八）	戒嚴風景
黃樹根	核三廠騎在國家公園上（一九八六）	獨裁者最後的抉擇
李勤岸	核能劫（一九八〇）	唯情是岸

核電發展是專制政體的統治階層和跨國公司合作的罪惡傑作。核安問題、核廢料處理問題及核電廠除後問題都是猶待解決的惡夢。台灣島上核電廠的部份中低輻射量的固態及液態廢料至今已裝滿七萬桶，儲存在蘭嶼，到一九九二年將儲放十九萬桶，讓雅美人承受核電文明的威脅。雅美詩人施努來，對於這種歧視和不尊重雅美族生存環境權的行為，表達他心中熊熊的怒火。這位飛魚的後代，寫下了幾首優美而悲痛的詩歌。

雅美媽媽的心

雅美媽媽的心
是侮辱和失敗的終身伴侶
……
當她擁抱核廢就寢的時候
你們文明人的心
依舊藏在錢袋裏面

另一首〈雅美心語〉則透露出充滿怨恨的控訴和絕望，是悽楚的雅美人求救的呼號。

雅美心語

我的原名是Pogso no two
漢字介入為紅頭嶼
民國卅五年為蘭嶼
核能時代應改為核廢島
二〇〇〇年時為荒島
…………
強健的肉體被異族詐騙
埋入尖端科技的垃圾
唉！在這國度裏
我未嗅覺有平等的一絲氣息

另二首〈雅美飛魚祭〉和〈夢想飛魚的悲哀〉，則充滿了自責：「我的心　被鈷六十滲透　微弱的自尊　只好由剛出世的畸型兒　替我贖罪」。

核電三廠矗立在恆春半島的南灣，除了安全問題外，南灣附近海域的珊瑚被熱廢水侵蝕而枯萎，海洋生態也受到破壞；這個被侵犯的地方，就是詩人李敏勇心中任何地方都不能取代的故鄉，台灣最美麗的海岸和國家公園，住滿了淳樸的人民和令人思想起歌謠的香格里拉。因此，李敏勇以〈故鄉〉這首詩，寫下了心中的思念和痛楚。

故鄉

故鄉海邊
儲存核爆的巨球代替燈塔
封鎖港口
鎮壓人心
……
夜暗中點亮燈火

燃燒的鎢絲
有故鄉的痛楚
落山風嗚咽
聲音消失在環繞的海
一把月琴
思想起

從台北點亮的燈火中，思想起故鄉的核爆巨球，故鄉的痛楚，經過台北家中燃燒的鎢絲輸送出來。他的另一首詩〈風景〉，也訴說著故鄉被污染或毀滅的憂慮。

從核電廠
描繪出硝煙的風景
描繪出繃帶的風景
描繪出腐敗的風景

黃樹根的長詩〈核三廠騎在國家公園上〉，是首協調性和完整性都很好的詩，騎在國家公園上的核三廠，暗示著美麗的土地被強暴的無奈。

核三廠
像海灣伸出的一把
匕首
直戳向
海的深喉嚨
…………
山海
不住嬗遞
永恆悲愴的命運

一向關懷教權的李勤岸，他的詩〈核能劫〉，則是預言核災變時，台灣將「像烤焦了的一條蕃薯」。

（四）生態保育的詩

作者	作品	詩集或發表園地
洪素麗	島嶼地形（一九八六）	盛夏的南台灣
	西仔灣（？）	同右
	憂鬱的亞熱帶雨林（一九八八）	文學界
	島嶼蝴蝶（一九八六）	盛夏的南台灣
趙天儀	松鼠的獨白（一九八二）	文學界
	台灣黑熊（一九八六）	同右
吳俊賢	山羌等八首（一九八五）	森林頌歌（春暉）
曾貴海	公園（一九八四）	高雄詩抄
	吃白鷺鷥的人（一九八六）	同右
莫那能	失去青春的山（一九八九）	美麗的稻穗（晨星）
黃樹根	壽山悲歌（一九八六）	獨裁者最後的悲歌

台灣人嗜食山產，惡名昭彰，山中動物以及平地的野鼠、蛇和白鷺鷥都吃，但是松鼠卻是最不容易捕捉的小精靈，捕鼠人利用夜晚以強光照射樹上松鼠，使失去逃跑的能

力，加以射殺。雖然如此，牠還是存量最多的樹林族群。趙天儀的詩〈松鼠的獨白〉，卻另有所指，暗喻一群在土地的天空上自由飛竄，不易落入陷阱的巨大族群，當生態破壞到危機四伏時，連狡滑的松鼠也不能幸免於難。

趙天儀的〈黑熊〉，曾貴海的〈吃白鷺鷥的人〉和吳俊賢的〈山羌〉等八首詩，爲台灣即將滅種的動物作見證。試看吳俊賢的〈山猴〉。

山猴

為了補腦
不得不在我們的頭上
尋找營養
斯文的文明人
綁住我們的手腳
在餐桌上
喝酒吟詩

洪素麗的〈島嶼地形〉等四首詩，以島嶼形成的生態史和變遷，來哀嘆不再美麗的「夫爾謀殺」，除了展現作者的生態知識外，也充滿了悲憐的台灣人心境。

莫那能的〈失去青春的山〉以原住民的心眼去感受：「青春的山只是一座不再長毛的石頭山　妳悲哀的靈魂……將被一場暴風雨拆離。災難，將在洪患時降臨」。

曾貴海的〈公園〉是一首探索都市綠化問題的詩，以作者居住的高雄市為例，每一位居民平均佔有的綠地面積為一比一．一九平方公尺，而台北市是一比一．三，和其他國際大都市的一比十或二十相差太遠。高雄市和台北市是世界上百萬以上人口最缺乏綠色愛意的城市。試看曾貴海的〈公園〉：

公園

不想遺棄城市的母親
孤獨的守在一隅

讓迷夫的孩子
需要愛時，靜靜地
走進她的懷抱
……
污塵和廢氣飛揚的路旁
我看到一些
憂傷而木然的棄婦

公園的花草樹木是充滿憐愛的母親，但是奈何都市的統治者和本是自然之子的市民，卻忘卻了那種自然之愛，使狹小侷促的都市小公園像路旁悲傷的棄婦。

（五）噪音公害

台灣因人口密度高居世界第二位，交通紊亂，車輛又多，工廠與住家比鄰，車聲喇只充斥沸騰而喧鬧的都市，噪音就成了無法迴避的公害。

李敏勇和曾貴海各寫了一首〈噪音〉。李敏勇的〈噪音〉：「佔據大街小巷　否定

音樂的法則　惡名昭彰不留把柄」；而曾貴海的〈噪音〉是「愈吵愈尖聲　整個城市情緒也愈變愈激昂」。

（六）農藥濫用和毒物公害的詩

作者	作品	詩集或發表園地（出版社）
楊傑美	菜蟲七章（一九八四） 一隻菜蟲如是說（一九八四）	一隻菜蟲如是說（笠詩社）
曾貴海	青蛙的鳴告（一九八五）	高雄詩抄
廖莫白	多氯聯笨（一九八二）	户口名簿（遠流）

廖莫白的〈多氯聯苯〉，忠實的記錄一九七九年發生台中多氯聯苯污染食物油中毒的公害事件，這次公害造成數人死亡，二千多人受害，但公司負責人卻脫產往國外。

楊傑美和曾貴海的詩，是寫農藥濫用和生態破壞的情形，試看楊傑美的〈一隻菜蟲如是說〉。

一隻菜蟲如是說

故鄉已沒有一塊乾淨的土地
每一片菜圃
每一顆菜苗
都沾滿了致死的化學藥物

今天夜裏
我的孩子哭泣著對我說：
爸爸，離開這裡
搬到別處去吧
我們也無法自由呼吸
再也不能健康的活下去
…………

他們不知道

我們能搬去那裏?

除了化肥和農藥破壞農地昆蟲生態外，作者也暗示社會上無數的菜蟲，正在不眠不休的破壞台灣的人間生態。

台灣另有些環境生態詩，對環境生態作全面性的關照，或多焦點的探討，或偏重於觀念性的訴說，在本文中不想加以討論。

四、詩人背景的分析

前面例舉的作家和作品中，我想以他們的性別、年齡、出生地、作品年代、意識型態和社會參與的態度等六個子題加以說明分析。

(一) 性別

除了洪素麗是女作家外，都是男詩人。生態保育散文作家卻以女性居多，這是兩類文學型式作者的明顯差異。

(二) 年齡

趙天儀是戰前出生的戰後代詩人，其他詩人是一九四六到一九五七年在台灣出生成長的戰後世代。

（三）出生地

楊傑美是祖藉廣東梅縣而在台灣出生客家第二代，其他都是本省藉的詩人，其中施努來和莫那能爲原住民。

（四）作品年代

莫渝的兩首詩寫於一九七二年，其他作品都發表於一九八二年以後，正是環保運動蓬勃發展的時候。

（五）意識型態

有極少數詩人懷有「中國情結」，其餘都是本土意識強烈的中堅代台灣詩人，他們以受害者的身分，透過詩的創作，替破敗的土地和環境作見證。施努來是蘭嶼雅美族人；李敏勇的故鄉有那隻科技文明的巨獸；而多氯聯苯的災禍地——台中，是廖莫白的家鄉；高雄是曾貴海、黃樹根久居的都市、洪素麗的故鄉。

（六）社會參與的態度

施努來是雅美族的反核運動領袖，廖莫白積極介入環保抗爭和政治活動。林雙不、李敏勇、黃樹根和曾貴海等人也或深或淺的參與本土文化、政治、社會與環保活動。

五、結論

本土詩人多多少少受到鄉土文學論戰，及美麗島事件以後政治環境的鼓舞，但以精神面而言，最重要的還是傳承自本省戰前作家純粹血源，這個血源的脈絡清澈分明、強勁有力的滾滾流傳下去。這些精神的標幟也就是陳千武先生提出的反抗、批評、美與希望。環境生態詩就是戰後世代詩人們反抗批評精神的表現，他們強烈的關懷鄉土和人民，期待美麗新台灣的到來。這類詩也可以說是戰前及戰後本土詩人精神上的差異點，雖然差異不大，但卻足以成爲辨識兩個世代的一種特徵。

一九九〇・八月

註釋

①：陳千武，〈台灣詩的外來影響〉，《笠詩刊》，一九八八年八月，頁九。

②：白萩，〈詩與現實〉，《笠詩刊》，一九八四年四月。

③：李敏勇，《做爲一個台灣作家》，自立報系出版，一九八九，頁四四。

④：於幼華，〈台灣環境污染問題的根本原因〉，《中國論壇》第三〇一期，第二六卷第一期。頁六三～六五。

⑤：林俊義，〈經濟奇蹟？環境破壞！〉。《台灣公害何了》，自立報系出版。頁一六五。

⑥：蕭新煌，〈一九八六年台灣環境問題排行榜〉，《我們只有一個台灣》，圓神出版。頁二一～二三。

⑦：詹長權，〈暫時停止呼吸〉，自立副刊，一九八九年十二月？。

⑧：林俊義，〈林園事件引發的環保問題〉。《台灣公害何時了》，自立報系出版，頁二四三。

⑨：自立晚報，一九八九年十一月十四日。

⑩：李界木，〈「回歸自然　少用農藥」的農會〉，民眾日報，一九九〇年二月五日。

⑪：賴春標，〈黑暗的台灣森林〉，自立晚報，一九八九年三月十二日及十三日。

⑫：林俊義，〈全民投票決定核能政策〉，《反核是爲了反獨裁》，自立報系出版。頁二五二。

⑩：楊憲宏，〈你對核能知多少〉，《受傷的土地》，圓神出版。頁二二〇。

⑭：林耀錫，〈台灣環保運動的回顧及展望〉，民進報第二八期頁三六～三九。

再造詩故鄉

——讀曾貴海《台灣男人的心事》

吳易澄

有人興沖沖地告訴我，最近美國某某單位裡有人用精密儀器測量植物的感情，一連串的實驗如施予恐嚇、呵護關照，竟然能使花朵驚懼或欣喜；於是花會因心情而凋零或盛開。透過有性情的植物，還能向太空發射訊息，甚至被情治、警察機關當作測謊用的工具。

哀哉，到了世紀末，科技發達的今天，竟然猶有人自以爲聰明地運用高科技去量測植物的情感。人類何需如此依賴科學儀器？過度依賴使得感知能力退化，日新月異的科技理論與實驗操作，竟比不上一位單憑原始感官的詩人的敏銳與聰慧！

醫師詩人曾貴海的作品，《台灣男人的心事》的付梓，是有極特別的意義的。以醫師的身分寫詩，曾貴海不是第一人。但曾醫師的詩風獨特，繁複的情感，多方活躍的典型躍然紙上，毋寧延續了學生時代「阿米巴詩社」的精神。

藉由文學創作與實踐行動，曾貴海在文學界、環保議題、教育改革、政治社會運動上皆有耀眼也令人動容的表現。在百家爭鳴的今天，能無限延伸如原蟲般的僞足而廣泛觸及社會環境關懷層面的人，曾貴海確實是難能可貴的異數之一。

大部分的時候
我都不被認為是人
書
筆
苞放的花
掠空的鳥
既然不被認為是人
我又何必堅持活在
人造的世界

曾貴海的詩富批判性，並隱隱散發著諷刺意味。然而，我們在詩中卻見不到血淋淋的詆毀，或沉抑的鬱悶。

反而，在目睹著詩人提出對現狀的控訴同時，我們能讀到些許的溫馨；尤其當他觸及自然關懷，一種渺遠無界的思考，和臣服於小生命乃至於大山大水的情懷，令人不禁將曠達卻也壓迫性十足的矛盾揉雜於心了。

從此，曾貴海已不再貴爲人類。詩人的本行是醫生，但在研習一切詳盡的人體構造、生理反應與病理後，能將視角拉回最初無以透過解剖而檢查的體外面貌，以跳離人性思考僵化甚至闕如的角度來重新審視「人」這樣複雜的生物。

地史上幼稚而年輕的生物人
怎麼可以在這短短一百年內
結束一億年生命的共同祖先
——人體內有百分之七十的水，這些水因緣循環，必定曾經流進流出人類祖先
的體內，曾經是祖先的一部份。

因深知自己是大自然的一部分，所以選擇了以最謙卑，甚至懺悔的方式容身於世。

所謂「與萬化冥合」的境界，能悟之者幾稀矣！

在信義醫院頂樓，曾醫師與我們談「心事」。CD唱盤放的是布拉姆斯的小提琴協奏曲，隨後是歌劇波西米亞人的詠嘆調。被小提琴家甘迺迪喻爲最適合帶去孤島流浪的曲目，和一生漂泊的波西米亞人的音樂，是否也訴說著曾貴海飄浪的心情？

自稱是「客家」、「平埔」、「河洛」三種血緣的「混蛋」，曾貴海的體內有澎湃的民族情感與深厚強烈的自覺意識。詩集裡一首〈向平埔祖先道歉〉，刻畫著島民更迭的統治權帶來的民族興衰與血淚控訴。

很多人都以爲詩是一種理所當然的文學呈現，讀詩寫詩的人一見到了詩就會義無反顧地趨之若鶩。同樣的錯覺也曾發生在我身上，直到讀了部分所謂台灣的鄉土詩作，才漸漸遠別了過去似懂非懂，隔靴搔癢卻以爲浪漫的現代派作品。

有的詩人往往將自己要表達的想法，用隱晦的手法東埋西藏地將它們嵌在繁複艱深又似是唯美的文字裡；曾貴海則不然。

家園尚未命名
種子正在萌芽

卻有冒牌的革命先知
日夜掛著變色的蝴蝶結
翱翔在島國上空

李魁賢在《台灣男人的心事》一書裡的序文裡說：「敏銳的，具有正義感的詩人立即出現的批判的聲音……採取表達現實意義的語言，率直而單刀直入，顯然詩人意圖發揮的批評的效用，這種幾乎可以對號入座的指責，可以看出詩人以不耐用迂迴曲折的方式來諷喻，它的諷刺沒有虛與委蛇的耐性。」如果，詩人只會唱著靡靡高調以博取眾讀者的喝采，只會將文字化作思密情感的複製品，顯然，這樣的功夫是不屬於曾貴海的。

每個作家都希望自己的作品能廣爲流傳，甚至有一天成爲萬古不朽的曠世巨作。但是在懷著這樣的夢想卻也能腳踏實地，一路走來始終如一者的作家，就很少了。

曾貴海表示，他所以以醫爲志，是希望萬一將來有一天失去外在的所有，還能夠保有自我的價值。於是，曾貴海從不偏廢醫學。小說家鍾鐵民在新書發表會上公開讚揚曾醫師的醫術，說出國時要曾醫師隨行才安心。

身爲醫生，針對身體的病痛對症下藥已經不再是曾貴海的終極職志。曾醫師醫的是人，是人群大眾，甚至是山是河，是大地。

所以詩集裡集的作品就包羅萬象了。台灣男人有什麼心事？鄉愁、對土地的眷戀？還是爲人夫，爲人父的況味、政治訴求、生死之間的思考……

讀一首「木棉花」

春天，日夜騷擾著開花的夢
為了開花
竟連護持生命的葉子
都割捨掉
自殘葉片的樹枝
掛滿花焰
遠遠望去

燃燒成一座巨大的火球

裸身的季節

情慾苞開血紅的顏彩

誘喚授粉的蟲蛾

當花的灰燼凋熄後蛻變成蘋果

爆裂飛向新地

絕食的木棉

在城市與鄉村

點燃著生存無盡的慾望

曾貴海筆下的萬物是充滿生命張力的。特別的是，當他描寫一景一物，可以跳脫以人為本的思考軸線，將自己擬為該物來發聲。

詩集分為兩個部分；第一輯是過去十多年間的作品，第二輯則是收錄進兩年來的詩作。前半輯裡的詩作有過去較爲人熟悉的風格，都還能在《鯨魚的祭典》、《高雄詩抄》等詩集理窺究出等同的思考精神和創作模式；令人訝異的是，久居水泥叢生的高雄市，後半輯的詩竟能如此貼近自然主義，令人想起梭羅、赫塞。他能把任何一株植物、一種人的身分、一片原野描刻得生動有情。雖然感覺上詩人把詩的取鏡框限在較小的範圍內，然兩三行即便成詩，卻擁有對生命無限的詠嘆。這部分的創作是曾貴海過去鮮爲嘗試的，三行詩雖不含有大量文字，卻需要極其縝密的思考和巧妙地安排，以突顯文句的雅致與幽默。這使我們聯想到日本文學的俳句，卻更不失本土的聲聲關照與深深愛戀。

春天只答應七天的花期
只好把整棵樹開成黃色花丘
讓遠方的蝴蝶看見

這是詩人寫「印度紫檀」的簡單幾句，雖然簡短，卻蘊有飽滿的生命象徵。對於沒有豐富的讀詩經驗的人而言，這種感覺是想必能耳目一新呢。因爲當有人試圖將詩作爲一種傳達大愛的彆扭工具時，詩人提醒我們應該去感知，去尊重周遭的生命，唯有能從中獲取此微的謙遜，才有資格去強調自我的存在。

誠如甫獲賴和醫療服務獎的陳永興醫師所言，對於多年來所受的醫事訓練過程，他是滿心感激的；一秉「醫學之愛」來造福群眾，乃是他從事社會運動的無限動力來源。而曾貴海醫師想必是以文學來實踐醫學之愛的典範之一吧。

在曾貴海的詩集裡，我們找不到一句晦澀難懂的語言，卻也一句句深刻地敲響了心裡沈鬱的想像與共鳴。有人說，作家都有暴露狂的傾向，而曾貴海的詩集裡，大概能嗅得出一絲這般的跡象。一個必須同時將環境思考、人性關懷、情慾世界、空靈禪修一併裝塡至大腦的人，除了令人感到這眞是個心事重重的人之外，卻還是有他的內斂，有個人的矜持；一種極欲呼告卻又婉轉謙卑的語氣，或寥寥幾筆卻擲地有聲的文字功力，躍然紙上。

《台灣男人的心事》一書是作者繼前一次創作相隔十多年後的再度生產成功，相較於能靈巧運用出版的時機與商機的多產作家而言，「難產」的曾貴海則做了一次悉心醞釀、重質不重量的優生示範。

南台灣「綠色教父」曾貴海一生是環保義工

劉湘吟

世間所有事物，包括名利、財富、地位……都是可以轉換、替換的，唯有「物種」與「能源」，無法替代。

——曾貴海

有君子之風的「綠色教父」、「詩人醫師」

這樣一個人，如果在街頭遇見，可能引不起你特別的注意；如果多花一分鐘對他打量一番，或許嗅得出中產階級的味道：溫文、從容、穩定、有教養的。於是你會猜他可能是醫師或老師。他的確是醫師，但他同時有個出乎你意料的外號：「綠色教父」。

這位南台灣的「綠色教父」，沒有凌人的氣勢與耀眼的光芒，他的力量，蘊藏在內心，不顯在外表。世間確有這樣「曖曖內含光」的人，不凡的心志與行動力，並非顯於乍見時的驚豔，這位「教父」，有君子之風。

他是「詩人醫師」曾貴海，曾經是台灣人權促進會高雄分會副會長、台灣環保聯盟高雄分會會長，目前是高雄市綠色協會理事長、衛武營公園促進會會長、保護高屏溪綠色聯盟會長，以及「文學台灣」雜誌社社長，還是建國黨高屏區辦公處主任。

如此不安分守己、不務正業的「醫師」，應該是個不甘寂寞、企圖心旺盛的人，他卻似乎不是。除了「不參選」的堅定態度之外，曾貴海並堅持不連任會長。其實，環保團體做的是吃力不討好的工作，「會長」聽起來似乎響亮，願意接的人還不好找，少不得是有理想、有熱情的「傻子」。不願連任會長，是不是因爲「累了嗎」？曾貴海說不是，「我一輩子都會是環保義工。」不連任是因爲他「不喜歡這樣，應該要讓新的人上來。」

身爲四個孩子的父親，有一個美滿家庭的醫師曾貴海，大可無憂無慮、安逸舒適地過生活，要說有文學夢，醫療工作之餘寫寫詩也儘足夠了，爲什麼還出錢出力投身於南台灣綠色運動及文學運動？如此持續付出、行動的原動力又從何而來？當我在曾貴海的醫院辦公室裡嚴肅認眞地請教他這個問題時，一直溫和有禮、令人不敢放肆的曾醫師看著我，幾秒鐘之後說出一句劇本裡不該有的話：「……不然我也沒什麼事好做。」兩個人一起大笑起來，暫時打破了之前一直「見招拆招」、「有爲攻有守」的訪談氣氛，也令我對這位「詩人醫師」、「綠色教父」又多了一分敬意與讚賞，這是一個不自我膨脹的領導者，他的內涵與胸懷，不易一眼探知。

清晨，擺在屋後的捕鼠籠
圍聚了一些鄰居
興奮的臉上滲透出神祕的喜悅
注視著籠內竄動發抖的小鼠
如何被切斷生息

灑些酒精再劃根火柴擲進去
放入水中看氣泡何時消失
用尖銳的鐵條戳牠幾下
這都是人類思考後的決定嗎
大量的食物不是常被故意拋棄於海上

狂飲暴食的人不是滿街都是
空氣陽光水和大地是誰破壞的
一些不相關的罪行
常被嫁禍於無從辯解的族類
是那隻看不見的手在點燃仇恨的野火

毀掉心中那些窄小的捕鼠籠
放走牠吧
任何藉口都不能判處牠唯一的死刑

——曾貴海・〈捕鼠籠〉

來高雄闖了十幾年
表弟把一甲多的祖田賣了
終於擁有一間自己的房子
他說種什麼稻子的

種那些雜草幹什麼？

有天去看他
對講機中傳來舊唱片似的聲音
我推開公寓的電動門
按了鐵柵門外的電鈴
表弟透過電眼瞄了一下
打開裡面的插鎖

一甲地就是縮成這間四十幾坪的空間哪
歐洲風味的裝潢
吸塵器音響健身房和閉路電視
牆上掛了幾幅鄉土畫家的作品

——曾貴海・〈表弟的房子〉・一九八三

童年的經歷，使他「永遠是一個鄉下人」

生於台灣光復後翌年的曾貴海，故鄉在屏東佳冬，童年的回憶滿是綠色的田地、山林、原野與清澈的溪水，雖然自幼喪父，母親獨力養育四個兒女，身為長子的他從小要幫忙家務、送報，卻因為母親擁有一份鄉間報社代辦所工作的優渥收入，再加上養豬所得與兩分薄田，曾家「表面上很窮，其實不是非常窮」。說自己「本質上是一個野生的人」的曾貴海，從小是孩子頭，整日在田野、溪河間奔跑玩耍，有一個「滿愉快」的童年。

在自然裡長大的孩子，曾經與土地廝混的孩子，此後再忘不了自然的美、泥土的香，也更能體會「自然」這位母親被不肖的「人類」兒女荼毒的慘痛。童年的成長經驗，使曾貴海戀戀不忘，說自己「永遠是一個鄉下人」，也是他日後致力於「綠色革命」、成為「終身環保義工」的重要原因之一。

考高中的那一天，這個來自屏東鄉下的孩子才初識高雄這個大都市。考上雄中，幾個首次離開家鄉的少年曾經「哭得一場糊塗」。然而，也從高中起，曾貴海開始閱讀文學作品、嘗試寫詩。「從高中開始，許多假期的白日或夜晚，有時跟一群朋友，有時是一個人，在海邊度過。台灣海峽在白日隨日光的變化展現無窮的風情，拍岸的浪濤彷彿傳來地心的韻律，幽遠而高雅。黃昏時，夕陽燃燒著海面，千萬條橘紅色的光束搖撼著整片海面，令人驚心動魄。夜晚時，黑色水國的細語與漁火，充滿神秘幽靜的詩情。整個宇宙低降下來，貼緊海面，宇宙、浪濤和人互相寒暄對語。我的青春之愛不是美少女，而是神秘美麗之海的戀情。」回憶年少時光的曾貴海，頗有詩人的浪漫感性。

真正的文學，是人間的文學是對人間的悲憫與關切

由於母親「自由」、「信任」的教養態度，也由於「其實並不是很窮」的家境，曾貴海得以如願選擇念醫學院，不必念師範學校。這個年輕人當時是這麼想的：「在戒嚴制度下，每個人都必須服從威權，在體制內就必須聽話、拍馬屁、送紅包……一旦進入這個體制，很難是一個保有健全人格的『全人』，所以我決定考醫科，將來當醫生，不必看任何人的臉色。」

醫學院低年級的課程絲毫引不起曾貴海的興趣，那時常蹺課的他，和同學成立了「阿米巴詩社」，和詩社的朋友「清談，饑餓似地閱讀文學、哲學和邏輯方面的書籍」。

像許多「文學青年」一般，經歷了許多衝擊、思考、追尋、激盪，大三時，曾貴海想通了：「眞正的文學，是人間的文學」。

像曾貴海這麼「入世」的詩人是少見的，他的詩是「人間之詩」。曾經，他斬釘截鐵地告訴友人：「詩人如果不曾懷有關切人間、悲憫的胸懷，詩如果不能表達詩人的愛與心情，那是沒有任何意義的……」他的詩總是清楚反映了他的思考與情感，對於自然環境與土地的愛戀與疼惜，對於生命的熱愛與關切。

如此這般的長著
不因為開不出花就會感到羞恥的長著

微不足道的活著
這樣那樣的活著
永遠不想抬高的頭
是為了好避風雨
然而隨時會踐踏而來的

人牛禽獸的腳
也只能使我們微微的彎身而已
如果偶而因難忍的痛楚
使我們在幽暗的夜裡環臂對泣
陽光來時我們的眼淚就會乾去
我們不慣於妝扮
只想把地面默默的覆蓋
輕輕的覆蓋
覆蓋，但不是為了人類
而是為了大地
為了我們也必須活下去
——曾貴海・〈草〉・一九六九
從清白

變成不清白
從散步的情侶
變成路攤女郎
從幽香
變成體臭
把不愛的都流給你
我們感激地改稱妳為
仁愛河

——曾貴海・〈愛河〉・一九八三

「敬愛生命」的人道主義者

曾貴海對自己的「作家」封號覺得「不好意思」，他認爲，「作家」的身分證就是「作品」，沒有作品怎能稱作家？至於「詩人」，那是過去「歷史的影像」。問他爲何近年來詩寫得少？他承認是因爲太忙了，對這一點，他覺得「有點哀傷」。

曾貴海的診所開業時，幾個朋友送他的賀匾，上面的題字不是常見的「仁心仁術」、「妙手回春」或「華佗再世」，而是「敬愛生命」。這是我所看過最動人的診所匾額。以曾貴海的所作所爲來看，他的確是一個敬愛生命的人道主義者，曾貴海卻說，他「希望」自己是。

這是一個謙遜自省的人。

行動力超強、重視溝通的「協調者」

曾貴海的「教父」封號及「會長」、「社長」等頭銜，很容易讓人覺得他總是在扮演「領導者」的角色，他卻強調，自己不喜歡成爲「領導者」，「領導太痛苦了。」他喜歡擔任「協調者」的角色，「在現代社會中，協調比領導更重要。」事實上，這也似乎是他的特質與專長。曾貴海相信「溝通」、重視「辯證」，以催生「衛武營公園」運動爲例，促進會所採取的行動策略是「說理、說服、拜訪」的遊說方式，極不願動員群眾遊行或採取激烈抗爭，因爲「公理在我們這邊」。此外，他將推動衛武營公園運動的始末與來龍去脈詳細爲文記錄下來〈綠色之夢〉一文，收錄於《南台灣綠色革命》一書中，晨星出版社出版），是相當值得其他社運團體效法的舉動，除了留下「歷史的見證」，更有將所有曾爲此事投注心力者的功勞苦勞一一記錄下來的用心，公平公開，避免少數英雄。曾貴海一再提及，許多事是「teamwork、團體共同努力」的成果。也許可以說他是個享受「過程」的人，問他這些年來從事綠色運動最快樂開心的事是什麼？他說，他喜歡「與『一群人』一起做想做的事」的感覺，「當一群人共同爲一個理想、目的努力時，很奇妙的，人的許多缺點都消失了。」這裡面有詩人的浪漫。

除了極佳的溝通、協調能力，也寫社會評論的曾貴海還有「一寫即成一個運動」的風評（如高屏溪整治、爭取衛武營公園、美濃文學步道等），問他爲何能有這種「魔力」？他說：「因爲我眞的會去做、去推動啊！」恍然大悟，眞是愚人之問。是的，除了理想，除了熱情，「行動力」是更重要的因素。認識曾貴海的人曾說：「阿海這個人，行動力超強，一人可當十人用。」

似乎有些明白，曾貴海何以會有「綠色教父」這個封號了。

三十多年的時間，我們大家殺害了一條有幾千年或幾萬年生命的河流，這是我們這一代人的共孽。

——曾貴海

高屏溪「河清之日」，仍須努力

談到「高屏溪」及「衛武營公園」，曾貴海的話多了也更流利了，語氣也不時顯得激昂。在曾貴海的辦公室裡，堆著十三大本關於高屏溪的剪報資料，被嚴重污染的高屏溪，在政府還未有深刻認知與相當魄力前，「俟河之清」仍然漫長艱辛。常有人質疑「保護高屏溪綠色聯盟」做了什麼？爲什麼高屏溪還是那麼糟？曾貴海解釋說，「保護高屏溪綠色聯盟」推動的是一種「河川心靈運動」，「從前，南方人從心裡棄置了高屏溪，說到『水』，想到的是水龍頭，現在，人們意識到了『高屏溪』的存在和她的問題；其次，我們仍持續教育、推廣工作，對政府部門也持續壓迫，要求整治高屏溪，今年五月起，高屏溪禁倒垃圾，砂石也部分禁採了……」也許因爲「常」被質疑，曾貴海認眞地提出解釋，我卻不免深深歎息：高屏溪的問題豈是一個民間環保團體應該負責或負責得起的？與其批評質疑，爲何不投身共同努力？做事的人少，批評的人多，難道這就是台灣？

對於高屏溪的整治，曾貴海認爲如果可能，「河禁」是最好的方法。讓河流回復原本不受干擾的狀態，「人與動物不得進入」，杜絕所有人爲污染及傷害，在若干年間，讓河流發揮自行演化、療傷的功能，才可能儘快回復原本清淨的面貌。此外，在「河禁」期間，儘速完成污水下水道系統。

前兩年，「保護高屏溪綠色聯盟」籌集一百萬元資金，拍攝上下兩集高屏溪錄影帶專輯——「大河之歌」，完成後供給影像媒體及市民團體做教育推廣之用，也得了兩次獎。曾貴海說，想籌錢再拍一次，「現在再拍一定不一樣，可以拍出『水的哲學』層次的內涵。」

> 如果一個社會的人民不懂得愛花惜草，欣賞人世之美，那將是個冷酷無情、毫無希望的社會。
>
> ——曾貴海

高雄人比開放性動物園的動物都不如？

詩人是愛「美」的，除了「喜歡看漂亮的女孩子」，開車在路上時，曾貴海會特別注意都市中少得可憐的樹木花草，關心它們開花的時節。

一九九〇年，曾貴海與鍾鐵民先生應旅美的台灣文學團體之邀，赴美參加例行年會，那是曾貴海第一次到美國，借住了五位台灣同鄉家中，每到一處，都「感歎其住家的美靜，每位住家旁和社區都種植了茂密的花樹」。

「我參觀了幾個社區公園，最令我印象深刻的是費城近郊的長木公園，這座公園是由杜邦家族捐贈。一年中有三個月雪季，但裡面有寬廣的溫室熱帶花房。房內許多熱帶花樹，其中最吸引我的是荷花池。當我把臉浮托在水面的荷花時，心中的悸動難以平息。淨潔的花瓣形成的性靈色澤之美遠比世間女子還美，我在池旁流連久久不去。那天晚上，我的腦中浮滿了荷花和台灣。台灣的公園在哪裡？」

高雄這個工業城，廢氣特別多，綠地特別少。研究調查指出，依據公園綠地及自然區占全市面積比例的合理健康下限，每個市民應有的綠地應爲二十平方公尺，而每一個高雄市民占有的綠地僅有一．二平方公尺，「比開放性動物園的動物都不如。」

推動「綠色之夢——衛武營公園」

自美返台後，正逢媒體大肆討論位於縣市交界的衛武營區該如何利用，由於美國之行深刻感慨的催化，曾貴海立刻加入討論衛武營應如何規畫的輿論戰場，主張應將衛武營六十七公頃地全部闢建爲公園，其間，有建大學的主張，有建社區的主張。一九九二年，集合了一群理念一致的人，正式成立「衛武營公園促進會」，「南台灣綠色革命」的第一把火也就此點燃。

在五年前，民間想推動任何公共政策、改變政府的決策或決議，還被認為是不可能的事，「衛武營公園促進會」成立之初，許多市民，包括知識分子，都認為：「衛武營公園不會成功的啦！」然而，在許多人的努力、奔走之下，加上年底大選後社會體質的轉變，於次年就獲得極佳的成果。一九九三年五月立法院協調會中達成的五點結論，確定國防部將衛武營搬遷，所需費用由營建署負擔，而衛武營區土地同意改設都會公園。

這是個甜美的果實，愉快又感動的曾貴海曾這麼寫：

「開車在高雄街上，偶而看到車尾玻璃窗上的貼紙寫著『我們因有夢而偉大』。我卻想把它改成『我們因有實現夢的決心和行動而使生命充滿希望』。」

「我車後窗貼紙上的字『綠色之夢——衛武營公園』，仍陪著我奔馳在高雄的道路上，這個夢想希望像帶翅的種子隨風飄落在其他台灣的水泥城市，讓那些都市能像衛武營一樣，開出公園之夢的巨大花朵。」

然而，四年後，「衛武營公園促進會」仍然存在，一群人仍在為爭取公園而努力。主要問題在於國防部要求營區遷建經費一百一十億由高雄市縣負擔。五月二日，衛武營公園促進會成員又上台北立法院參加衛武營區關建公園公聽會，問題仍膠著。曾貴海表示，接下來要聯合高雄市縣立委，直接向行政院長提案。台灣人眞可憐，要一個公園要得這麼辛苦，答應了又反悔，關鍵還是在「錢」。

問曾貴海，是否曾經失望、絕望？他說：「做事的時間都不夠了，還有時間失望？」問他對台灣的未來是悲觀還是樂觀？他沒有直接回答我，只說：「我們去做就有希望。」「沒有付出努力的人，沒有資格絕望。」曾貴海是「活在當下」的人，不知道有沒有上帝（雖然他在基督教醫院任職），不確定有沒有來生，「生命過程是一個歷史過程，現在只能做現在應該做好的事。」他是如此誠實認眞面對生命。

談到前身爲《文學界》的《文學台灣》季刊，任社長的曾貴海說只是掛名而已。《文學台灣》代表了一群人對台灣文學的一份理想與堅持，曾貴海肯定地說：「以我們幾個人的經濟能力，絕不會讓《文學台灣》倒掉，這是最重要的。」對於自掏腰包加上籌款湊集一百萬元做爲「台灣文學獎」長篇小說百萬獎金一事，曾貴海也有點兒得意，一個文學性季刊有這樣的手筆與氣魄，令人佩服。

在生命寂靜時刻不時搔擾出沒的「導演夢」

熱愛電影的曾貴海，從大學時期就有「導演夢」，他曾這麼寫：「這個夢常在我生命寂靜的時刻搔擾我。」不過，「此生是不可能實現了。」他平平淡淡地說，但從他那不單純的表情，隱約感覺得到他心底的遺憾。曾貴海最欣賞的導演是柏格曼，「柏格曼是電影詩人，他的電影兼具深度的思考與感性兩項特質。」或許人總是喜歡與自己相像的事物，因爲曾貴海也是「理性」與「感性」兼具的人。

一九九二年冬，曾貴海的「導演夢」舊病復發，他購買了一百多卷經典電影錄影帶，在每晚看完病人的十點以後，放映錄影帶，「做起電影痴夢」，「看偉大導演們向這個世界說些什麼」。有一天，他看了日本導演黑澤明的作品「生之慾」。

「生之慾」的主角渡邊勘治是區公所的市民科科長，在全勤工作三十年時，得了胃癌，生命即將終結前，又發現獨子與媳婦只在意他的退休金，絕望之餘，離家出遊。一番經歷，使得這個時間不多的老人對生命有所頓悟，他回到區公所後努力工作，親自處理一件要求將住屋旁的污水溝變為公園的陳情案，以無比的耐心與誠意向相關單位拜託、說明，死賴著不走地拜託市長，甚至帶便當到市長室外等候，終於完成這個案子。

這部電影給予曾貴海極大的啓示與靈感：一、人不要等到將與死亡對決時才想去做事，覺悟的人應該在任何生命過程中全心投入工作。二、推動公園的公共政策，可用說服和拜託的方式，耐心而努力地去做，因爲「公理在我們這邊」。

「黑澤明我也很喜歡，他比較急，但也滿浪漫的。」曾貴海又說：「我也很喜歡大島渚……」我愣了一下，柏格曼與大島渚……兩人又大笑起來，曾貴海竟是「彈性」這麼大的人，令人訝異，也令人欣賞。他這麼說大島渚：「……很恐佈的人，但他很眞誠，切入問題完全不留情面。」

大女兒已念大二的曾太太說，這麼多年來，從未見過丈夫掉眼淚，「他說：『哭不能解決問題。』」（多可怕的理性！）只有一次，看完一部電影後，丈夫竟不斷地掉淚，讓她印象極深刻。曾太太已忘了那部電影的片名，由於強烈的好奇心，將此事詢問曾醫師，他告訴我，那部電影是「辛德勒的名單」。沒有再問他落淚的原因。

在公園的草地上捉迷藏的孩子們
你們想躲到那兒去呢

南洋杉
矮欉木叢
或是假山後面
你們真的能躲得掉嗎
在這個城市封閉的公寓
地下室
或任何角落
污染的空氣這麼問
噪音這麼問
陰溼的文化這麼問
竊盜和暴力也這麼問

——曾貴海・〈捉迷藏〉・一九八三

台灣的未來，「去做，就有希望」

「台灣經濟發展的結果，使國民平均所得達到八千美元後，近年內因財富的增加，產生了財富分配、投資理財、消費休閒和文化活動等問題，種種影響就像在進行一場經濟活動的『動物實驗』，這個『動物實驗』的樣本是台灣人民，場地是台灣，特別是都會區，目的是客觀評估實驗『動物』的經濟行爲與人性。這個實驗讓我們得到一個明確而痛苦的結論，財富增加卻帶來了財富重新分配的不均，投機式的炒作地價和股票，奢華的消費行爲和通貨膨脹，色情與暴力罌粟花般開遍整個美麗島。本以爲財富的增加會改變生活的品質、社會的和諧和文化的雅致，但是結果卻像一場春夢，財富加深了貧富階級的對立，確立了唯利取向的價値觀，使爭取財富變成目的而不擇手段、治安惡化、人命無價……」曾貴海曾寫下的這段文字，在台灣「又」發生了一件重大慘痛的治安案件後看來，如預言實現般地怵目驚心。台灣往何處去？我們的希望、未來在哪裡？也是這位「南台灣綠色教父」說過的兩句話：「去做就有希望。」「沒有努力過的人，沒有資格絕望。」我想，這是很實在的答案。

一九九七・六・《新觀念》一〇四期，頁二〇～三一

後記：

起於民國八十一年間的高雄衛武營公園促進運動，點燃了南方綠色運動的火種；經過十年不屈的艱辛努力，民國九十年七月，終於傳出好消息：行政院同意採行「逕爲變更」方式，將有效縮短開發期程。衛武營軍區變公園的綠色夢想，終於可以落實在高雄這塊重工業原鄉。

僅以此書記錄南方綠色運動的艱辛歷程，也爲斯土來者提供關於這塊土地的深刻思考。

自然公園系列

柴山主義

我們需要一座有野生生命力的自然公園

從保護至關心，高雄市民對柴山的感情，聚集成一股不可或缺的的民間力量。關懷土地，是人類永恆的課業，柴山，只是個開始，不是唯一。

● 涂幸枝◎著　● 定價180元

重返美濃

台灣第一部反水庫運動紀實

在毀鄉滅族的危機意識催迫下，一支反水庫的行動隊伍迅速在美濃小鎭集結成立。他們打拚不懈，爲台灣的地方自主運動與環保運動，開啓新的一頁。

● 美濃愛鄉協進會◎編著　● 定價170元

南台灣綠色革命

來自南方的綠色種子　撒向台灣的土地與人民

一群熱愛鄉土的南方綠色種子，在南台灣興起一波波捍衛生存環境的綠色市民運動，這些在野的、民間的、生態的環境保衛戰，值得我們共同借鏡與反省。

● 高雄市綠色協會◎著　● 定價200元

被喚醒的河流

夢想大河的清澈倒影，九○年代高屏溪再生運動紀實

人類文明的開發，指染清澈的河川流域，台灣的河流幾乎成了惡水！本書從大河流域所孕育的族群文化到自然生態的思考，溯源出一條大河的生命，省思人與自然的關係。希望鑑照在大河裡的倒影是一片清晰的靈魂，還原再生大河的深邃美麗。

● 曾貴海◎著　● 定價290元

自然公園 54

留下一片森林

——從衛武營公園到高屏溪再生的綠色行動反思

著　　者　曾貴海
文字編輯　林美蘭、蘇明娟
美術設計　林淑靜

發行人　陳銘民
發行所　晨星出版有限公司
台中市工業區30路1號
TEL:(04)23595820　FAX:(04)23597123
E-mail:morning@tcts.seed.net.tw
http://www.morning-star.com.tw
郵政劃撥：22326758
行政院新聞局局版台業字第2500號
法律顧問　甘龍強律師
製作　知文企業（股）公司　TEL:(04)23581803
初版　西元2001年9月30日

總經銷　知己有限公司
〈台北公司〉台北市羅斯福路二段79號4F之9
TEL:(02)23672044　FAX:(02)23635741
〈台中公司〉台中市工業區30路1號
TEL:(04)23595819　FAX:(04)23597123

定價 180 元
（缺頁或破損的書，請寄回更換）
ISBN 957-455-042-7
Published by Morning Star Publishing Inc.
Printed in Taiwan

國家圖書館出版品預行編目資料

留下一片森林：從衛武營公園到高屏溪再生的綠色行動反思／曾貴海著.－－初版.－－臺中市：晨星發行，2001〔民90〕

面；　公分.－－（自然公園；54）

ISBN 957-455-042-7（平裝）

1.環境保護－文集

445.7　　90011578

◆讀者回函卡◆

讀者資料：

姓名：________ 性別：□男 □女

生日： ／ ／ 身分證字號：________

地址：□□□________

聯絡電話： （公司） （家中）

E-mail________

職業：□學生 □教師 □內勤職員 □家庭主婦
□SOHO族 □企業主管 □服務業 □製造業
□醫藥護理 □軍警 □資訊業 □銷售業務
□其他________

購買書名：________

您從哪裡得知本書： □書店 □報紙廣告 □雜誌廣告 □親友介紹
□海報 □廣播 □其他：________

您對本書評價：（請填代號 1. 非常滿意 2. 滿意 3. 尚可 4. 再改進）

封面設計________版面編排________內容________文／譯筆________

您的閱讀嗜好：

□哲學 □心理學 □宗教 □自然生態 □流行趨勢 □醫療保健
□財經企管 □史地 □傳記 □文學 □散文 □原住民
□小說 □親子叢書 □休閒旅遊 □其他________

信用卡訂購單（要購書的讀者請填以下資料）

書名	數量	金額	書名	數量	金額

□VISA □JCB □萬事達卡 □運通卡 □聯合信用卡

- 卡號：________ ●信用卡有效期限：________年________月
- 訂購總金額：________元 ●身分證字號：________
- 持卡人簽名：________（與信用卡簽名同）
- 訂購日期：________年________月________日

填妥本單請直接郵寄回本社或傳眞(04)23597123

請填妥後對折裝訂，直接投郵即可，免貼郵票。

廣告回函
台灣中區郵政管理局
登記證第267號
免貼郵票

407

台中市工業區30路1號

晨星出版有限公司

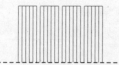

請沿虛線摺下裝訂，謝謝！

更方便的購書方式：

(1) **信用卡訂購** 填妥「信用卡訂購單」，傳眞或郵寄至本公司。

(2) **郵政劃撥** 帳戶：晨星出版有限公司 帳號：22326758
在通信欄中填明叢書編號、書名及數量即可。

(3) **通信訂購** 填妥訂購人姓名、地址及購買明細資料，連同支票或匯票寄至本社。

◉購買2本以上9折優待，10本以上8折優待。

◉訂購3本以下如需掛號請另付掛號費30元。

◉服務專線：(04)23595819-231 FAX：(04)23597123

◉網 址：http://www.morning-star.com.tw

◉E-mail:itmt@ms55.hinet.net